2025考研数学

线性代数满分讲义

试题分册

◎ 彭孝 编著

清华大学出版社

北京

内 容 简 介

本书在全面归纳考研数学三十余年大量真题(包含数学一～数学三)的基础上,进行题型归纳与总结,旨在帮助读者更快地理解和应用线性代数的知识。

本书共分为 6 章,第 1 章为行列式,第 2 章为矩阵,第 3 章为方程组,第 4 章为向量组,第 5 章为相似、特征值,第 6 章为二次型。全书共 49 个专题,提供了大量综合性试题的考试题型与解题方法。建议读者将书中题目做三遍以上,通过多个角度的学习来提高学习效果、解答题目、总结题型和掌握考题类型。

本书适合作为考研数学一、数学二或数学三的复习资料,也可供需要学习线性代数的大学一年级、二年级本科生及参加大学生数学竞赛(非数学类)的考生使用。

图书在版编目(CIP)数据

2025 考研数学线性代数满分讲义/彭孝编著. —北京:清华大学出版社,2024.5
ISBN 978-7-302-65648-7

Ⅰ. ①2… Ⅱ. ①彭… Ⅲ. ①线性代数－研究生－入学考试－自学参考资料 Ⅳ. ①O151.2

中国国家版本馆 CIP 数据核字(2024)第 049383 号

责任编辑:郑寅堃
封面设计:刘 键
责任校对:郝美丽
责任印制:曹婉颖

出版发行:清华大学出版社
网 址:https://www.tup.com.cn, https://www.wqxuetang.com
地 址:北京清华大学学研大厦 A 座 **邮 编**:100084
社 总 机:010-83470000 **邮 购**:010-62786544
投稿与读者服务:010-62776969, c-service@tup.tsinghua.edu.cn
质量反馈:010-62772015, zhiliang@tup.tsinghua.edu.cn
课件下载:https://www.tup.com.cn,010-83470236
印 装 者:三河市铭诚印务有限公司
经 销:全国新华书店
开 本:210mm×285mm **印 张**:15.25 **字 数**:451 千字
版 次:2024 年 5 月第 1 版 **印 次**:2024 年 5 月第 1 次印刷
印 数:1～3000
定 价:59.90 元(全两册)

产品编号:101883-01

目录

CONTENTS

第1章 行列式

专题1 代数余子式

【考法1】 利用元素替换法求解某行(或某列)代数余子式之和

例题1 设行列式 $D=\begin{vmatrix} 3 & 0 & 4 & 0 \\ 2 & 2 & 2 & 2 \\ 0 & -7 & 0 & 0 \\ 5 & 3 & -2 & 2 \end{vmatrix}$,则第四行各元素余子式之和为________。

例题2 设矩阵 $\boldsymbol{A}=\begin{bmatrix} 0 & 0 & 0 \\ a & a & a \\ 0 & b & 0 \end{bmatrix}$,则$|\boldsymbol{A}|$所有元素的代数余子式之和(　　)。

A. 与 a,b 均有关　　B. 与 a,b 均无关

C. 仅与 a 有关　　D. 仅与 b 有关

【考法2】 利用伴随矩阵的特征值求解某列代数余子式之和

例题3 设 $\boldsymbol{A}=[a_{ij}]_{3\times3}$ 为三阶矩阵,A_{ij} 为代数余子式,若 $\boldsymbol{A}$ 的每行元素之和均为 2,且$|\boldsymbol{A}|=3$,$A_{11}+A_{21}+A_{31}=$________。

例题4 设 $\boldsymbol{A}$ 是 n 阶矩阵,$|\boldsymbol{A}|=b$,$\boldsymbol{A}$ 的各行元素之和均为 $a(a\neq0)$,则$|\boldsymbol{A}|$的代数余子式之和 $A_{1n}+A_{2n}+\cdots+A_{nn}=$________。

例题5 已知矩阵 $\boldsymbol{B}=\begin{bmatrix} k & 1 & 1 \\ 1 & k & 1 \\ 1 & 1 & k \end{bmatrix}$,正定矩阵 $\boldsymbol{A}$ 满足 $\boldsymbol{A}^2=(k+3)\boldsymbol{E}-\boldsymbol{B}$,设 A_{ij} 是行列式$|\boldsymbol{A}|$中

a_{ij} 元素的代数余子式，则 $A_{11}+A_{21}+A_{31}$ 的值为(　　)(此题很难！建议强化阶段结束后再做本题)。

A. 2　　B. 4　　C. 7　　D. 与 k 有关

专题2 行列式计算

【考法1】 范德蒙行列式

例题1 行列式 $D=\begin{vmatrix} 1 & 2 & 3 & 4 \\ 1 & 2^2 & 3^2 & 4^2 \\ 1 & 2^3 & 3^3 & 4^3 \\ 9 & 8 & 7 & 6 \end{vmatrix}=$(　　)。

A. 120　　B. −120　　C. 100　　D. −100

【考法2】 行列变换化为分块矩阵的行列式

例题2 行列式 $\begin{vmatrix} a_1 & 0 & 0 & b_1 \\ 0 & a_2 & b_2 & 0 \\ 0 & b_3 & a_3 & 0 \\ b_4 & 0 & 0 & a_4 \end{vmatrix}=$________。

例题3 行列式 $\begin{vmatrix} 1+x & 1 & 1 & 1 \\ 1 & 1-x & 1 & 1 \\ 1 & 1 & 1+y & 1 \\ 1 & 1 & 1 & 1-y \end{vmatrix}=$________。

【考法3】 利用逆矩阵包围公式，求矩阵之和的行列式

例题4 设 $\boldsymbol{A},\boldsymbol{B}$ 为三阶矩阵，且 $|\boldsymbol{A}|=3$，$|\boldsymbol{B}|=2$，$|\boldsymbol{A}^{-1}+\boldsymbol{B}|=2$，则 $|\boldsymbol{A}+\boldsymbol{B}^{-1}|=$________。

【考法 4】 利用特征值求矩阵之和的行列式

例题 5 设实对称矩阵 $\boldsymbol{A}=\begin{bmatrix}a & 1 & 1\\ 1 & a & -1\\ 1 & -1 & a\end{bmatrix}$，则行列式 $|\boldsymbol{A}-\boldsymbol{E}|=$________。

例题 6 设 $\boldsymbol{\alpha}=[1,0,-1]^{\mathrm{T}}$，矩阵 $\boldsymbol{A}=\boldsymbol{\alpha}\boldsymbol{\alpha}^{\mathrm{T}}$，$n$ 为正整数，则 $|2\boldsymbol{E}-\boldsymbol{A}^{n}|=$________。

【考法 5】 建立递推关系求行列式

例题 7 设矩阵 $\boldsymbol{A}=\begin{bmatrix}2a & 1 & & \\ a^2 & 2a & \ddots & \\ & \ddots & \ddots & 1\\ & & a^2 & 2a\end{bmatrix}_{n\times n}$，则 $|\boldsymbol{A}|=$________。

【考法 6】 伴随矩阵的行列式

例题 8 设 $\boldsymbol{B}$ 为三阶非零实矩阵，且 $(2\boldsymbol{B})^{\mathrm{T}}+(2\boldsymbol{B})^{*}=\boldsymbol{O}$，则行列式 $|\boldsymbol{B}^{*}+\boldsymbol{B}^{-1}|=$________。

【考法 7】 行列式的分配

例题 9 设三阶矩阵 $\boldsymbol{A}=\begin{bmatrix}2\boldsymbol{\alpha}\\ 2\boldsymbol{\gamma}_2\\ \boldsymbol{\gamma}_3\end{bmatrix}$，$\boldsymbol{B}=\begin{bmatrix}\boldsymbol{\beta}\\ \boldsymbol{\gamma}_2\\ 3\boldsymbol{\gamma}_3\end{bmatrix}$，其中 $\boldsymbol{\alpha},\boldsymbol{\beta},\boldsymbol{\gamma}_2,\boldsymbol{\gamma}_3$ 均为三维向量，且已知行列式 $|\boldsymbol{A}|=1$，$|\boldsymbol{B}|=3$，则行列式 $|\boldsymbol{A}-\boldsymbol{B}|$ 等于（　　）。

A. 1　　　　B. -1

C. 2　　　　D. -2

例题 10 设 $\boldsymbol{A}$ 是 n 阶矩阵，$\boldsymbol{\alpha},\boldsymbol{\beta}$ 是 n 维列向量，k,m 是实数，$|\boldsymbol{A}|=1$，$\begin{vmatrix}\boldsymbol{A} & \boldsymbol{\alpha}\\ \boldsymbol{\beta}^{\mathrm{T}} & k\end{vmatrix}=2$，$\begin{vmatrix}\boldsymbol{A} & \boldsymbol{\alpha}\\ \boldsymbol{\beta}^{\mathrm{T}} & m\end{vmatrix}=$________。

【考法8】 利用矩阵运算求行列式

例题 11 设矩阵 $A=\begin{bmatrix}2&1&1\\1&2&1\\1&1&2\end{bmatrix}$，矩阵 B 满足 $ABA^*=2BA^*+E$，其中，A^* 为 A 的伴随矩阵，E 是单位矩阵，则 $|B|=$________。

【考法9】 行列式展开定理

例题 12 n 阶行列式 $D_n=\begin{vmatrix}a_1&0&0&\cdots&0&b_n\\b_1&a_2&0&\cdots&0&0\\0&b_2&a_3&\cdots&0&0\\\vdots&\vdots&\vdots&&\vdots&\vdots\\0&0&0&\cdots&a_{n-1}&0\\0&0&0&\cdots&b_{n-1}&a_n\end{vmatrix}=$（　　）。

A. $a_1a_2\cdots a_n+b_1b_2\cdots b_n$　　B. $(-1)^{n+1}a_1a_2\cdots a_n+b_1b_2\cdots b_n$

C. $a_1a_2\cdots a_n+(-1)^{n-1}b_1b_2\cdots b_n$　　D. $a_1a_2\cdots a_n-b_1b_2\cdots b_n$

例题 13 已知 $2n$ 阶行列式 D 的某一列元素及其余子式都等于 a，则 $D=$（　　）。

A. 0　　B. a^2　　C. $-a^2$　　D. na^2

例题 14 设四阶行列式的第1列元素依次为 $a,b,1,0$，第1列元素的余子式依次为1,1,1,1，第2列元素的代数余子式依次为1,1,1,1，且行列式的值为2，则 $a+b=$________。

例题 15 设三阶矩阵 A 各行元素之和为 a，若 $|A|=b$，矩阵 $B(t)=(a_{ij}+t)_{3\times3}$，则 $|B(k)|=$________（a,b,k 均为非零常数）。

【考法10】 行列式函数

例题 16 设多项式 $f(x)=\begin{vmatrix}x&1&1&1\\1&2x&3&4\\1&3&-x&1\\1&4&x&3x\end{vmatrix}$，则 x^4 的系数和常数项分别为（　　）。

A. 6，−6　　B. −6，6　　C. 6，6　　D. −6，−6

第2章　矩　　阵

专题3　基本初等矩阵

【考法1】　利用基本初等矩阵的定义求解相关问题

例题1　设 $\boldsymbol{P}_1=\begin{bmatrix}1&0&0\\0&1&0\\1&0&1\end{bmatrix}$，$\boldsymbol{P}_2=\begin{bmatrix}0&1&0\\1&0&0\\0&0&1\end{bmatrix}$，$\boldsymbol{A}=\begin{bmatrix}a_{11}&a_{12}&a_{13}\\a_{21}&a_{22}&a_{23}\\a_{31}&a_{32}&a_{33}\end{bmatrix}$，则 $\boldsymbol{P}_1^{11}\boldsymbol{A}\boldsymbol{P}_2^{20}$ 等于(　　)。

A. $\begin{bmatrix}a_{11}+11a_{31}&a_{12}+11a_{32}&a_{13}+11a_{33}\\a_{21}&a_{22}&a_{23}\\a_{31}&a_{32}&a_{33}\end{bmatrix}$

B. $\begin{bmatrix}a_{11}&a_{12}&a_{13}\\a_{21}&a_{22}&a_{23}\\11a_{11}+a_{31}&11a_{12}+a_{32}&11a_{13}+a_{33}\end{bmatrix}$

C. $\begin{bmatrix}a_{31}&a_{32}&a_{33}\\a_{21}&a_{22}&a_{23}\\a_{11}+11a_{31}&a_{12}+11a_{32}&a_{13}+11a_{33}\end{bmatrix}$

D. $\begin{bmatrix}a_{12}&a_{11}&a_{13}\\a_{22}&a_{21}&a_{23}\\11a_{12}+a_{32}&11a_{11}+a_{31}&11a_{13}+a_{33}\end{bmatrix}$

【考法2】　行、列同时变换求三角矩阵

例题2　已知矩阵 $\boldsymbol{A}=\begin{bmatrix}1&0&-1\\2&-1&1\\-1&2&-5\end{bmatrix}$，若下三角可逆矩阵 $\boldsymbol{P}$ 和上三角可逆矩阵 $\boldsymbol{Q}$，使 $\boldsymbol{PAQ}$ 为对角矩阵，则 $\boldsymbol{P}$，$\boldsymbol{Q}$ 可以分别取(　　)。

A. $\begin{bmatrix}1&0&0\\0&1&0\\0&0&1\end{bmatrix}$，$\begin{bmatrix}1&0&1\\0&1&3\\0&0&1\end{bmatrix}$

B. $\begin{bmatrix}1&0&0\\2&-1&0\\-3&2&1\end{bmatrix}$，$\begin{bmatrix}1&0&0\\0&1&0\\0&0&1\end{bmatrix}$

C. $\begin{bmatrix}1&0&0\\2&-1&0\\-3&2&1\end{bmatrix}$，$\begin{bmatrix}1&0&1\\0&1&3\\0&0&1\end{bmatrix}$

D. $\begin{bmatrix}1&0&0\\0&1&0\\1&3&1\end{bmatrix}$，$\begin{bmatrix}1&2&-3\\0&-1&2\\0&0&1\end{bmatrix}$

【考法3】 利用初等变换建立矩阵方程

例题3 设A为三阶矩阵,交换A的第2行和第3行,再将第2列的-1倍加到第1列,得到矩阵$\begin{bmatrix}-2 & 1 & -1\\ 1 & -1 & 0\\ -1 & 0 & 0\end{bmatrix}$,则$A^*=$________。

例题4 设A为四阶可逆矩阵,交换A^*的第1行与第2行得矩阵B^*,A^*,B^*分别为A,B的伴随矩阵,则(　　)。

A. 交换A的第1列与第2列得B

B. 交换A的第1行与第2行得B

C. 交换A的第1列与第2列得$-B$

D. 交换A的第1行与第2行得$-B$

【考法4】 利用初等变换方程判断矩阵关系

例题5 设三阶矩阵A,矩阵的第1和第2列均乘$k(\neq 0)$得到矩阵B,矩阵A的第1行和第2行均乘k得到矩阵C,则B与C(　　)。

A. 相似但不一定合同

B. 合同但不一定相似

C. 不一定相似也不一定合同

D. 相似且合同

【考法5】 行变换前后的矩阵,行向量组等价

例题6 设n阶矩阵A经初等行变换化为B,则下列选项正确的是(　　)。

A. A,B的列向量组是等价向量组

B. A,B的行向量组是等价向量组

C. 非齐次线性方程组$Ax=b$与$Bx=b$是同解方程组

D. 若$|A|>0$,则必有$|B|>0$

专题4 伴随矩阵

【考法1】 伴随矩阵的秩

例题1 设三阶实对称矩阵$A\neq E$,且各行元素之和为0,且伴随矩阵的秩$r[(A-E)^*]=0$,则下

列说法正确的是(　　)。

A. $(1,0,-1)^{\mathrm{T}}$ 不可能是矩阵 $\boldsymbol{A}$ 的特征向量

B. $\lambda=1$ 不是矩阵 $\boldsymbol{A}$ 的二重特征值

C. 行列式 $|\boldsymbol{A}+\boldsymbol{E}|=3$

D. 矩阵 $\boldsymbol{A}$ 必满足 $\boldsymbol{A}^2-\boldsymbol{A}=\boldsymbol{O}$

例题 2 设 $\boldsymbol{A}=\begin{bmatrix}0 & 1 & -1\\ a & 0 & 1\\ 1 & 2 & b\end{bmatrix}$，$\boldsymbol{B}$ 是三阶矩阵，且 $r(\boldsymbol{B})=2$，$r(\boldsymbol{AB})=1$，下列选项中一定正确的是(　　)。

A. $r\begin{pmatrix}\boldsymbol{A}^* & \boldsymbol{A}\\ \boldsymbol{O} & \boldsymbol{B}\end{pmatrix}=3$　　B. $r\begin{pmatrix}\boldsymbol{A} & \boldsymbol{B}^*\\ \boldsymbol{O} & \boldsymbol{B}\end{pmatrix}=3$

C. $r\begin{pmatrix}\boldsymbol{A}^* & \boldsymbol{O}\\ \boldsymbol{A} & \boldsymbol{B}\end{pmatrix}=3$　　D. $r\begin{pmatrix}\boldsymbol{A} & \boldsymbol{O}\\ \boldsymbol{O} & \boldsymbol{B}^*\end{pmatrix}=3$

【考法 2】 伴随矩阵黄金公式

例题 3 设 $\boldsymbol{A},\boldsymbol{B}$ 均为 $2n$ 阶可逆矩阵，$\boldsymbol{A}^*,\boldsymbol{B}^*$ 分别为 $\boldsymbol{A},\boldsymbol{B}$ 的伴随矩阵，则分块矩阵 $\begin{bmatrix}\boldsymbol{O} & \boldsymbol{A}\\ \boldsymbol{B} & \boldsymbol{O}\end{bmatrix}$ 的伴随矩阵=(　　)。

A. $\begin{bmatrix}\boldsymbol{O} & |\boldsymbol{A}|\boldsymbol{A}^*\\ |\boldsymbol{B}|\boldsymbol{B}^* & \boldsymbol{O}\end{bmatrix}$　　B. $\begin{bmatrix}\boldsymbol{O} & |\boldsymbol{B}|\boldsymbol{B}^*\\ |\boldsymbol{A}|\boldsymbol{A}^* & \boldsymbol{O}\end{bmatrix}$

C. $\begin{bmatrix}\boldsymbol{O} & |\boldsymbol{B}|\boldsymbol{A}^*\\ |\boldsymbol{A}|\boldsymbol{B}^* & \boldsymbol{O}\end{bmatrix}$　　D. $\begin{bmatrix}\boldsymbol{O} & |\boldsymbol{A}|\boldsymbol{B}^*\\ |\boldsymbol{B}|\boldsymbol{A}^* & \boldsymbol{O}\end{bmatrix}$

例题 4 设矩阵 $\boldsymbol{A}=\begin{bmatrix}1 & 1 & 1\\ 1 & 2 & 1\\ 1 & 1 & 3\end{bmatrix}$，$\boldsymbol{A}^*$ 为 $\boldsymbol{A}$ 的伴随矩阵，则 $\boldsymbol{A}^*(1,1,1)^{\mathrm{T}}+\boldsymbol{A}^*(1,2,1)^{\mathrm{T}}+\boldsymbol{A}^*(1,1,3)^{\mathrm{T}}=$________。

【考法 3】 伴随阵与转置阵的关系

例题 5 设矩阵 $\boldsymbol{A}=[a_{ij}]_{3\times 3}$ 满足 $a_{ij}=A_{ij}$，其中 $\boldsymbol{A}^*$ 为 $\boldsymbol{A}$ 的伴随矩阵，$\boldsymbol{A}^{\mathrm{T}}$ 为 $\boldsymbol{A}$ 的转置矩阵。

若 a_{11}, a_{12}, a_{13} 为三个相等的正数，则 a_{11} 为(　　)。

A. $\frac{\sqrt{3}}{3}$　　B. 3　　C. $\frac{1}{3}$　　D. $\sqrt{3}$

【考法 4】 伴随矩阵方程 $A^* x=0$ 的解

例题 6 设 $\boldsymbol{A}$ 为 n 阶实对称矩阵，$\boldsymbol{A}^*$ 为 $\boldsymbol{A}$ 的伴随矩阵，$n-1<r(\boldsymbol{A})+r(\boldsymbol{A}^*)<2n$，$\boldsymbol{A}^*$ 的各行元素之和为 k，则 $\boldsymbol{A}^* \boldsymbol{x}=\boldsymbol{0}$ 的通解为________。

专题 5 列行矩阵

【考法 1】 利用列行矩阵乘法，求解相关问题

例题 1 设 n 阶矩阵 $\boldsymbol{A}=\boldsymbol{E}-k\boldsymbol{\alpha}\boldsymbol{\alpha}^{\mathrm{T}}$，其中 $k\neq 0$，$\boldsymbol{\alpha}$ 为单位列向量。若 $\boldsymbol{A}^2=\boldsymbol{E}$，则下列命题正确的有(　　)个。

① $k=2$　　② $|\boldsymbol{A}|=1$　　③ $\boldsymbol{A}$ 必可对角化

A. 0　　B. 1　　C. 2　　D. 3

【考法 2】 利用列行矩阵的特征值，求解相关问题

例题 2 设 $\boldsymbol{\alpha}$ 是 n 维单位列向量，$\boldsymbol{E}$ 为 n 阶单位矩阵，则(　　)。

A. $\boldsymbol{E}-\boldsymbol{\alpha}\boldsymbol{\alpha}^{\mathrm{T}}$ 不可逆　　B. $\boldsymbol{E}+\boldsymbol{\alpha}\boldsymbol{\alpha}^{\mathrm{T}}$ 不可逆

C. $\boldsymbol{E}+2\boldsymbol{\alpha}\boldsymbol{\alpha}^{\mathrm{T}}$ 不可逆　　D. $\boldsymbol{E}-2\boldsymbol{\alpha}\boldsymbol{\alpha}^{\mathrm{T}}$ 不可逆

例题 3 设 $\boldsymbol{A}=k\boldsymbol{E}-2\boldsymbol{\alpha}\boldsymbol{\alpha}^{\mathrm{T}}$，其中 $\boldsymbol{\alpha}$ 是单位列向量，则下列关于 $\boldsymbol{A}$ 的说法正确的有(　　)个。

① 必为对称矩阵　　② $k\neq 0$ 时，为可逆矩阵

③ $k=\pm 1$ 时，为正交矩阵　　④ $k>2$ 时，为正定矩阵

A. 1　　B. 2　　C. 3　　D. 4

例题 4 若$\alpha=\begin{bmatrix}1\\1\\0\end{bmatrix}$，$\beta=\begin{bmatrix}1\\2\\1\end{bmatrix}$，$A=\alpha\beta^T$，$B$是三阶矩阵，$r(B)=2$，则$r(AB-2B)=$________。

【考法3】 利用列行矩阵的特征值，求解A^n

例题 5 设三阶矩阵$A=\begin{bmatrix}2&-1&3\\a&0&b\\4&c&6\end{bmatrix}$，如果存在秩大于1的三阶矩阵$B$，使得$AB=O$，则$A^n=$(　　)。

A. $9^{n-1}A$　　B. $-9A$　　C. $8^{n-1}A$　　D. $-8A$

【考法4】 求解双列行矩阵相关问题

例题 6 设α，β是三维单位正交列向量，$A=2\alpha\alpha^T+\beta\beta^T$，二次型$f(x_1,x_2,x_3)=x^TAx$。下列说法正确的有(　　)。

① 矩阵A是不可逆的实对称矩阵。

② 对任意常数k，矩阵$A-kE$一定可对角化。

③ 二次型$f(x_1,x_2,x_3)=x^TAx$的规范形为$y_1^2+y_2^2$。

A. 0个　　B. 1个　　C. 2个　　D. 3个

专题6 正交矩阵

【考法1】 求正交矩阵的行列式

例题 1 设A为n阶实矩阵，且$A^T=A^{-1}$，$|A|<0$，则行列式$|A+E|=$________。

【考法2】 求正交矩阵方程的解

例题 2 设$A=(a_{ij})_{3\times3}$为三阶实对称矩阵，且满足$a_{ij}=A_{ij}$($i,j=1,2,3$，A_{ij}为a_{ij}的代数余子式)，$a_{33}=-1$，$|A|=1$，则方程$A\begin{bmatrix}x_1\\x_2\\x_3\end{bmatrix}=\begin{bmatrix}0\\0\\1\end{bmatrix}$的解为________。

【考法3】 利用正交矩阵的性质

例题3 设 $\boldsymbol{A},\boldsymbol{B}$ 均为 n 阶正交矩阵，则下列矩阵中不是正交矩阵的是(　　)。

A. $\boldsymbol{A}\boldsymbol{B}^{-1}$　　B. $k\boldsymbol{A}(|k|=1)$　　C. $\boldsymbol{A}^{-1}\boldsymbol{B}^{-1}$　　D. $\boldsymbol{A}-\boldsymbol{B}$

【考法4】 正交矩阵的特征值

例题4 设 $\boldsymbol{A}$ 为四阶矩阵，满足条件 $\boldsymbol{A}\boldsymbol{A}^{\mathrm{T}}=2\boldsymbol{E}$，$|\boldsymbol{A}|<0$，其中 $\boldsymbol{E}$ 是四阶单位矩阵。则矩阵 $\boldsymbol{A}$ 的伴随矩阵 $\boldsymbol{A}^{*}$ 必有一个特征值等于________。

专题7 对称与反对称矩阵

【考法】 对称或反对称矩阵的性质

例题1 设 n 阶实矩阵 $\boldsymbol{A}=[a_{ij}]_{n\times n}$ 满足 $a_{ij}+a_{ji}=0$，则下列命题中正确的有(　　)个。

① $\boldsymbol{A}$ 为可逆矩阵。

② $\boldsymbol{E}+\boldsymbol{A}$ 为可逆矩阵。

③ 对于任意的非零向量 $\boldsymbol{x}$，均有 $\boldsymbol{x}^{\mathrm{T}}\boldsymbol{A}\boldsymbol{x}=0$。

A. 0　　B. 1　　C. 2　　D. 3

例题2 设 n 阶实对称 $\boldsymbol{A}$ 为反对称矩阵，即 $\boldsymbol{A}^{\mathrm{T}}=-\boldsymbol{A}$，则下列命题中，正确的命题有(　　)个。

① 对任意一个 n 维实列向量 $\boldsymbol{\alpha}$，$\boldsymbol{\alpha}$ 与 $\boldsymbol{A}\boldsymbol{\alpha}$ 正交；② $\boldsymbol{A}+\boldsymbol{E}$ 可逆；③ $\boldsymbol{A}^{2}-\boldsymbol{E}$ 是可逆矩阵。

A. 0　　B. 1

C. 2　　D. 3

例题3 三阶实对称矩阵 $\boldsymbol{A}$ 的各行元素之和为 1，$r(\boldsymbol{A}^{*})=0$，则下列关于矩阵 $\boldsymbol{A}$ 的说法正确的有(　　)个。

① 矩阵 $\boldsymbol{A}$ 的全部特征值为 1,0,0。

② 特征值 1 对应的特征向量必为 $(1,1,1)^{\mathrm{T}}$。

③ 0 对应的全部特征向量为 $k_1(0,1,-1)^{\mathrm{T}}+k_2(1,0,-1)^{\mathrm{T}}$，其中 k_1,k_2 为任意实数。

A. 0　　B. 1　　C. 2　　D. 3

专题 8 经典关系 $a_{ij}=A_{ij}$

【考法 1】 经典关系 $a_{ij}=A_{ij}$

例题 1 设矩阵 $\boldsymbol{A}$ 为三阶非零实矩阵，$\boldsymbol{A}^{\mathrm{T}}=\boldsymbol{A}^*$，且 $|\boldsymbol{E}+\boldsymbol{A}|=|\boldsymbol{E}-\boldsymbol{A}|=0$，则 $|\boldsymbol{A}^2-\boldsymbol{A}-3\boldsymbol{E}|=$________。

【考法 2】 经典关系的推广：$a_{ij}+kA_{ij}=0$

例题 2 设 $\boldsymbol{A}$ 为三阶非零矩阵，非零常数 k 使得 $a_{ij}+kA_{ij}=0(i,j=1,2,3)$，其中 A_{ij} 为 a_{ij} 的代数余子式，则下列说法中正确的有(　　)个。

① 存在非零方阵 $\boldsymbol{B}$ 使得 $\boldsymbol{AB}=\boldsymbol{O}$　② $\boldsymbol{A}$ 是实对称矩阵　③ $\boldsymbol{A}$ 是正交矩阵

A. 0　B. 1　C. 2　D. 3

专题 9 矩阵方程

【考法 1】 特征值判别可逆

例题 1 设 $\boldsymbol{A}$ 是四阶矩阵，$\boldsymbol{A}^*$ 是 $\boldsymbol{A}$ 的伴随矩阵，若 $\boldsymbol{A}^*$ 的特征值是 $-1,1,-2,4$，则下列矩阵中可逆的有(　　)个。

① $\boldsymbol{A}$；② $\boldsymbol{A}-3\boldsymbol{E}$；③ $2\boldsymbol{A}-\boldsymbol{E}$；④ $2\boldsymbol{A}+\boldsymbol{E}$；⑤ $\boldsymbol{A}^*-2\boldsymbol{E}$；⑥ $\boldsymbol{A}^*+2\boldsymbol{E}$

A. 2　B. 3　C. 4　D. 5

【考法 2】 行列式判别可逆

例题 2 设 $\boldsymbol{A},\boldsymbol{B}$ 均为 n 阶矩阵，且 $\boldsymbol{AB}=\boldsymbol{A}+\boldsymbol{B}$，则下列说法中正确的有(　　)个。

① $(\boldsymbol{A}-\boldsymbol{E})\boldsymbol{x}=\boldsymbol{0}$ 必有非零解；② 矩阵 $\boldsymbol{A},\boldsymbol{B}$ 同时可逆或不可逆；③ 若 $\boldsymbol{B}$ 可逆，则 $\boldsymbol{A}+\boldsymbol{B}$ 可逆

A. 0　B. 1　C. 2　D. 3

【考法 3】 求具体矩阵的逆

例题 3 设矩阵 $\boldsymbol{A},\boldsymbol{B}$ 满足 $\boldsymbol{A}^*\boldsymbol{BA}=2\boldsymbol{BA}-8\boldsymbol{E}$，其中 $\boldsymbol{A}=\begin{bmatrix}1&0&0\\0&-2&0\\0&0&3\end{bmatrix}$，$\boldsymbol{E}$ 为单位矩阵，$\boldsymbol{A}^*$ 为 $\boldsymbol{A}$ 的伴随矩阵，则 $\boldsymbol{B}=$________.

【考法4】 定义法求抽象矩阵的逆

例题4 设 $\boldsymbol{A}$ 为 n 阶非零矩阵，$\boldsymbol{E}$ 为 n 阶单位矩阵。若 $\boldsymbol{A}^3=\boldsymbol{O}$，则（　　）。

A. $\boldsymbol{E}-\boldsymbol{A}$ 不可逆，$\boldsymbol{E}+\boldsymbol{A}$ 不可逆

B. $\boldsymbol{E}-\boldsymbol{A}$ 不可逆，$\boldsymbol{E}+\boldsymbol{A}$ 可逆

C. $\boldsymbol{E}-\boldsymbol{A}$ 可逆，$\boldsymbol{E}+\boldsymbol{A}$ 可逆

D. $\boldsymbol{E}-\boldsymbol{A}$ 可逆，$\boldsymbol{E}+\boldsymbol{A}$ 不可逆

【考法5】 逆矩阵包围法求矩阵的逆

例题5 设 $\boldsymbol{A},\boldsymbol{B},\boldsymbol{A}+\boldsymbol{B},\boldsymbol{A}^{-1}+\boldsymbol{B}^{-1}$ 均为 n 阶可逆矩阵，则 $(\boldsymbol{A}^{-1}+\boldsymbol{B}^{-1})^{-1}$ 等于（　　）。

A. $\boldsymbol{A}^{-1}+\boldsymbol{B}^{-1}$

B. $\boldsymbol{A}+\boldsymbol{B}$

C. $\boldsymbol{B}(\boldsymbol{A}+\boldsymbol{B})^{-1}\boldsymbol{A}$

D. $(\boldsymbol{A}+\boldsymbol{B})^{-1}$

【考法6】 构建多项式方程求逆矩阵

例题6 已知 $\boldsymbol{A}=\boldsymbol{\alpha}\boldsymbol{\beta}^{\mathrm{T}}-\boldsymbol{E}$，$\boldsymbol{\alpha},\boldsymbol{\beta}$ 均为三维列向量，$\boldsymbol{\alpha}^{\mathrm{T}}\boldsymbol{\beta}=3$，求 $\boldsymbol{A}^{-1}$。

【考法7】 利用互逆矩阵的可交换性

例题7 设 $\boldsymbol{A},\boldsymbol{B},\boldsymbol{C}$ 均为 n 阶矩阵，$\boldsymbol{E}$ 为 n 阶单位矩阵，若 $\boldsymbol{B}=\boldsymbol{E}+\boldsymbol{A}\boldsymbol{B},\boldsymbol{C}=\boldsymbol{A}+\boldsymbol{C}\boldsymbol{A}$，则 $\boldsymbol{B}-\boldsymbol{C}$ 为（　　）。

A. $\boldsymbol{E}$　　B. $-\boldsymbol{E}$　　C. $\boldsymbol{A}$　　D. $-\boldsymbol{A}$

例题8 设 n 阶实矩阵 $\boldsymbol{A}$ 为反对称矩阵，即 $\boldsymbol{A}^{\mathrm{T}}=-\boldsymbol{A}$，下列说法正确的有（　　）个。

① $\boldsymbol{A}-\boldsymbol{E}$ 为可逆矩阵。

② 矩阵 $\boldsymbol{A}$ 的主对角线元素均为0。

③ $(\boldsymbol{A}-\boldsymbol{E})(\boldsymbol{A}+\boldsymbol{E})^{-1}$ 是正交矩阵。

A. 0　　B. 1　　C. 2　　D. 3

例题9 若矩阵 $\boldsymbol{A}$ 和矩阵 $\boldsymbol{B}$ 可交换，下列可交换的矩阵有（　　）对。

① $\boldsymbol{A}^{\mathrm{T}}$ 与 $\boldsymbol{B}^{\mathrm{T}}$　　② $\boldsymbol{A}\boldsymbol{B}^2$ 与 $\boldsymbol{B}\boldsymbol{A}^2$　　③ $\boldsymbol{A}-\boldsymbol{B}$ 与 $\boldsymbol{A}+\boldsymbol{B}$

A. 0　　B. 1　　C. 2　　D. 3

专题10 矩阵(或向量组)的秩

【考法1】 “线表秩不变”原理

例题1 设$\boldsymbol{\alpha}_1,\boldsymbol{\alpha}_2,\boldsymbol{\alpha}_3$线性无关,$\boldsymbol{\beta}_1$可由$\boldsymbol{\alpha}_1,\boldsymbol{\alpha}_2,\boldsymbol{\alpha}_3$线性表示,$\boldsymbol{\beta}_2$不可由$\boldsymbol{\alpha}_1,\boldsymbol{\alpha}_2,\boldsymbol{\alpha}_3$线性表示,对任意的常数$k$有(　　)。

A. $\boldsymbol{\alpha}_1,\boldsymbol{\alpha}_2,\boldsymbol{\alpha}_3,k\boldsymbol{\beta}_1+\boldsymbol{\beta}_2$线性无关　　B. $\boldsymbol{\alpha}_1,\boldsymbol{\alpha}_2,\boldsymbol{\alpha}_3,k\boldsymbol{\beta}_1+\boldsymbol{\beta}_2$线性相关

C. $\boldsymbol{\alpha}_1,\boldsymbol{\alpha}_2,\boldsymbol{\alpha}_3,\boldsymbol{\beta}_1+k\boldsymbol{\beta}_2$线性无关　　D. $\boldsymbol{\alpha}_1,\boldsymbol{\alpha}_2,\boldsymbol{\alpha}_3,\boldsymbol{\beta}_1+k\boldsymbol{\beta}_2$线性相关

【考法2】 乘逆矩阵,秩不变

例题2 设$\boldsymbol{B}=\begin{bmatrix}3&1&1\\1&1&0\\2&2&1\end{bmatrix}$,$\boldsymbol{A}=[\boldsymbol{\alpha}_1,\boldsymbol{\alpha}_2,\boldsymbol{\alpha}_3]$的伴随矩阵$\boldsymbol{A}^*$非零,且$\boldsymbol{\alpha}_1+\boldsymbol{\alpha}_2-2\boldsymbol{\alpha}_3=\boldsymbol{0}$。则$r(\boldsymbol{A}^*\boldsymbol{B}^*)$的值为(　　)。

A. 0　　B. 1　　C. 2　　D. 3

例题3 设$\boldsymbol{B}=\begin{bmatrix}1&2&0\\-1&1&k\\0&m&1\end{bmatrix}$,$\boldsymbol{A}$是三阶方阵,$k,m$为常数,$r(\boldsymbol{A})=2$,$r(\boldsymbol{BA})=1$,则$k,m$满足________。

【考法3】 $AB=O$的约束

例题4 设$\boldsymbol{A},\boldsymbol{B},\boldsymbol{C},\boldsymbol{D}$是4个四阶矩阵,其中$\boldsymbol{A}\neq\boldsymbol{O}$,$|\boldsymbol{B}|\neq0$,$|\boldsymbol{C}|\neq0$,$\boldsymbol{D}\neq\boldsymbol{O}$,且满足$\boldsymbol{ABCD}=\boldsymbol{O}$。若$r(\boldsymbol{A})+r(\boldsymbol{B})+r(\boldsymbol{C})+r(\boldsymbol{D})=m$,则$m$的取值范围是(　　)。

A. $m<10$　　B. $10\leqslant m\leqslant12$　　C. $12<m<16$　　D. $m\geqslant16$

【考法4】 伴随矩阵的秩

例题5 设矩阵$\boldsymbol{A}=\begin{bmatrix}1&2a&a\\2a&4&2a\\3a&6a&3\end{bmatrix}$,$\boldsymbol{B}=\begin{bmatrix}1&2b&b\\2b&4&2b\\3b&6b&3\end{bmatrix}$,若$r(\boldsymbol{A}^*)+r(\boldsymbol{B}^*)=2$,则$a+b$的值为(　　)。

A. -2　　B. -1　　C. 2　　D. 1

【考法5】 越乘秩越小

例题6 设 $\boldsymbol{A},\boldsymbol{B}$ 满足 $\boldsymbol{AB}=\begin{bmatrix}-2&1&1\\1&-2&1\\1&1&-2\end{bmatrix}$，$\boldsymbol{BA}=\begin{bmatrix}2&2\\3&5\end{bmatrix}$，则（ ）。

A. $r(\boldsymbol{A})=1,r(\boldsymbol{B})=1$

B. $r(\boldsymbol{A})=2,r(\boldsymbol{B})=2$

C. $r(\boldsymbol{A})=1,r(\boldsymbol{B})=2$

D. $r(\boldsymbol{A})=2,r(\boldsymbol{B})=1$

【考法6】 可对角化矩阵的秩

例题7 设 $\boldsymbol{A},\boldsymbol{B}$ 均为三阶实对称矩阵，$\boldsymbol{A},\boldsymbol{B}$ 相似，$\boldsymbol{A}$ 的各行元素之和为3，且 $r(\boldsymbol{A}-\boldsymbol{E})=1$。则 $r(\boldsymbol{B}-\boldsymbol{E})+r(\boldsymbol{B}+3\boldsymbol{E})=$（ ）。

A. 3　　B. 4　　C. 5　　D. 6

【考法7】 和的秩不超过秩的和

例题8 $\boldsymbol{\alpha},\boldsymbol{\beta}$ 为三维列向量，$\boldsymbol{A}=\boldsymbol{\alpha\alpha}^{\mathrm{T}}+\boldsymbol{\beta\beta}^{\mathrm{T}}$，$\boldsymbol{\alpha}^{\mathrm{T}}$ 表示$\boldsymbol{\alpha}$ 的转置，证明：

① $r(\boldsymbol{A})\leqslant 2$；② 若$\boldsymbol{\alpha},\boldsymbol{\beta}$ 线性相关，则 $r(\boldsymbol{A})<2$。

专题11 分块矩阵

【考法1】 左行右列原理

例题1 设 $\boldsymbol{A},\boldsymbol{B}$ 为 n 阶矩阵，下列结论正确的是（ ）。

A. $r(\boldsymbol{A},\boldsymbol{AB})=r(\boldsymbol{A})$

B. $r\begin{pmatrix}\boldsymbol{A}\\\boldsymbol{AB}\end{pmatrix}=r(\boldsymbol{A})$

C. $r(\boldsymbol{A},\boldsymbol{B})=r(\boldsymbol{A})+r(\boldsymbol{B})$

D. $r\begin{pmatrix}\boldsymbol{A}&\boldsymbol{E}\\\boldsymbol{O}&\boldsymbol{B}\end{pmatrix}>r(\boldsymbol{A})+r(\boldsymbol{B})$

例题2 设 $\boldsymbol{A},\boldsymbol{B}$ 是 n 阶矩阵，记 $r(\boldsymbol{X})$为矩阵 $\boldsymbol{X}$ 的秩，则下列说法正确的有（ ）。

① $r\begin{pmatrix}\boldsymbol{A}&\boldsymbol{AB}\\\boldsymbol{O}&\boldsymbol{A}\end{pmatrix}=2r(\boldsymbol{A})$　② $r\begin{pmatrix}\boldsymbol{A}&\boldsymbol{BA}\\\boldsymbol{O}&\boldsymbol{A}\end{pmatrix}=2r(\boldsymbol{A})$　③ $r\begin{pmatrix}\boldsymbol{A}&\boldsymbol{B}\\\boldsymbol{O}&\boldsymbol{A}^{\mathrm{T}}\end{pmatrix}<2r(\boldsymbol{A})$

A. 0个　　B. 1个　　C. 2个　　D. 3个

【考法 2】 利用行向量组等价

例题 3 $\boldsymbol{A},\boldsymbol{B}$ 为 n 阶实矩阵，则秩 $r=r\begin{pmatrix}\boldsymbol{A} & \boldsymbol{BA}\\ \boldsymbol{O} & \boldsymbol{A}^{\mathrm{T}}\boldsymbol{A}\end{pmatrix}$ 与 $2r(\boldsymbol{A})$ 大小关系为(　　)。

A. $r<2r(\boldsymbol{A})$　　B. $r=2r(\boldsymbol{A})$

C. $r>2r(\boldsymbol{A})$　　D. 无法确定

【考法 3】 分块矩阵的其他性质

例题 4 设 $\boldsymbol{A}$ 为 n 阶实矩阵，$\boldsymbol{B}=\begin{bmatrix}\boldsymbol{E} & \boldsymbol{A}\\ \boldsymbol{A}^{\mathrm{T}} & \boldsymbol{O}\end{bmatrix}$，则下列命题中正确的有(　　)个。

① $\boldsymbol{A}^{\mathrm{T}}\boldsymbol{A}=\boldsymbol{O}$，当且仅当 $\boldsymbol{A}=\boldsymbol{O}$ 时成立。

② $\boldsymbol{B}$ 可逆当且仅当 $\boldsymbol{A}$ 可逆。

③ 存在无穷多个非零向量 $\boldsymbol{\alpha}$，使得 $\boldsymbol{\alpha}^{\mathrm{T}}\boldsymbol{B}\boldsymbol{\alpha}=0$。

A. 0　　B. 1

C. 2　　D. 3

第3章 方 程 组

专题12 $Ax=0$ 的解

【考法1】 判断齐次方程解的情况

例题 1 设 $\boldsymbol{A}$ 为 4×5 的矩阵，$r(\boldsymbol{A})=4$，$\boldsymbol{B}$ 为 4×2 矩阵，则下列命题中不正确的是（　　）。

A. $\begin{bmatrix}\boldsymbol{A}^{\mathrm{T}}\\ \boldsymbol{B}^{\mathrm{T}}\end{bmatrix}\boldsymbol{x}=\boldsymbol{0}$ 只有零解

B. $[\boldsymbol{A}\vdots\boldsymbol{B}]\boldsymbol{x}=\boldsymbol{0}$ 必有无穷多解

C. $\forall\boldsymbol{b}$，$\begin{bmatrix}\boldsymbol{A}^{\mathrm{T}}\\ \boldsymbol{B}^{\mathrm{T}}\end{bmatrix}\boldsymbol{x}=\boldsymbol{b}$ 有唯一解

D. $\forall\boldsymbol{b}$，$[\boldsymbol{A}\vdots\boldsymbol{B}]\boldsymbol{x}=\boldsymbol{b}$ 必有无穷多解

【考法2】 特征值为0对应的特征向量

例题 2 已知 $\boldsymbol{A}$ 是三阶实对称不可逆矩阵，且 $\boldsymbol{A}\begin{bmatrix}1&1\\-1&2\\1&1\end{bmatrix}=\begin{bmatrix}2&1\\-2&2\\2&1\end{bmatrix}$，则齐次线性方程组 $\boldsymbol{Ax}=\boldsymbol{0}$ 的通解为________。

【考法3】 利用 $AB=O$ 求解相关问题

例题 3 已知3阶矩阵 $\boldsymbol{A}$ 的第一行是 $[a,b,c]$，a,b,c 不全为零，矩阵 $\boldsymbol{B}=\begin{bmatrix}1&2&3\\2&4&6\\3&6&k\end{bmatrix}$（$k$ 为常数），且 $\boldsymbol{AB}=\boldsymbol{O}$。求线性方程组 $\boldsymbol{Ax}=\boldsymbol{0}$ 的通解。

例题 4 设 $\boldsymbol{A},\boldsymbol{B}$ 为满足 $\boldsymbol{AB}=\boldsymbol{O}$ 的任意两个非零矩阵，则必有（　　）。

A. $\boldsymbol{A}$ 的列向量组线性相关，$\boldsymbol{B}$ 的行向量组线性相关

B. $\boldsymbol{A}$ 的列向量组线性相关，$\boldsymbol{B}$ 的列向量组线性相关

C. $\boldsymbol{A}$ 的行向量组线性相关，$\boldsymbol{B}$ 的行向量组线性相关

D. $\boldsymbol{A}$ 的行向量组线性相关，$\boldsymbol{B}$ 的列向量组线性相关

例题 5 设 $\boldsymbol{A}$ 是三阶矩阵，$\boldsymbol{\alpha}_1=[1,1,-2]^{\mathrm{T}}$，$\boldsymbol{\alpha}_2=[2,1,1]^{\mathrm{T}}$，$\boldsymbol{\alpha}_3=[2,t,1]^{\mathrm{T}}$ 是齐次线性方程组 $\boldsymbol{Ax}=\boldsymbol{0}$ 的解向量，则(　　)。

A. $t\neq1$ 时，必有 $r(\boldsymbol{A})=1$　　B. $t\neq1$ 时，必有 $\boldsymbol{A}=\boldsymbol{O}$

C. $t=1$ 时，必有 $r(\boldsymbol{A})=1$　　D. $t=1$ 时，必有 $\boldsymbol{A}=\boldsymbol{O}$

专题 13　$\boldsymbol{A}^*\boldsymbol{x}=\boldsymbol{0}$ 的解

【考法 1】 利用伴随矩阵求齐次方程的解

例题 1 设矩阵 $\boldsymbol{A}=\begin{bmatrix}1&2&-2\\2&-1&1\\3&1&-1\end{bmatrix}$，$\boldsymbol{A}^*$ 是 $\boldsymbol{A}$ 的伴随矩阵，则线性方程组 $\boldsymbol{A}^*\boldsymbol{x}=\boldsymbol{0}$ 的通解为________。

例题 2 设 $\boldsymbol{\alpha}_1,\boldsymbol{\alpha}_2,\boldsymbol{\alpha}_3,\boldsymbol{\alpha}_4$ 是四维非零列向量组，$\boldsymbol{A}=[\boldsymbol{\alpha}_1,\boldsymbol{\alpha}_2,\boldsymbol{\alpha}_3,\boldsymbol{\alpha}_4]$，$\boldsymbol{A}^*$ 是 $\boldsymbol{A}$ 的伴随矩阵。已知方程组 $\boldsymbol{Ax}=\boldsymbol{0}$ 的基础解系为 $k[1,0,2,0]^{\mathrm{T}}$，则方程组 $\boldsymbol{A}^*\boldsymbol{x}=\boldsymbol{0}$ 的基础解系为(　　)。

A. $\boldsymbol{\alpha}_1,\boldsymbol{\alpha}_2,\boldsymbol{\alpha}_3$　　B. $\boldsymbol{\alpha}_1,\boldsymbol{\alpha}_3,\boldsymbol{\alpha}_4$

C. $\boldsymbol{\alpha}_2,\boldsymbol{\alpha}_3,\boldsymbol{\alpha}_4$　　D. $\boldsymbol{\alpha}_1+\boldsymbol{\alpha}_2,\boldsymbol{\alpha}_2+\boldsymbol{\alpha}_3$

【考法 2】 利用代数余子式不为零，确定线性无关

例题 3 设四阶矩阵 $\boldsymbol{A}=[a_{ij}]_{4\times4}$ 不可逆，a_{12} 的代数余子式 $A_{12}\neq0$，$\boldsymbol{\alpha}_1,\boldsymbol{\alpha}_2,\boldsymbol{\alpha}_3,\boldsymbol{\alpha}_4$ 为矩阵 $\boldsymbol{A}$ 的列向量组，$\boldsymbol{A}^*$ 为 $\boldsymbol{A}$ 的伴随矩阵，则 $\boldsymbol{A}^*\boldsymbol{x}=\boldsymbol{0}$ 的通解为(　　)。

A. $\boldsymbol{x}=k_1\boldsymbol{\alpha}_1+k_2\boldsymbol{\alpha}_2+k_3\boldsymbol{\alpha}_3$　　B. $\boldsymbol{x}=k_1\boldsymbol{\alpha}_1+k_2\boldsymbol{\alpha}_2+k_3\boldsymbol{\alpha}_4$

C. $\boldsymbol{x}=k_1\boldsymbol{\alpha}_1+k_2\boldsymbol{\alpha}_3+k_3\boldsymbol{\alpha}_4$　　D. $\boldsymbol{x}=k_1\boldsymbol{\alpha}_2+k_2\boldsymbol{\alpha}_3+k_3\boldsymbol{\alpha}_4$

例题 4 设四阶矩阵 $\boldsymbol{A}=[a_{ij}]_{4\times4}$ 不可逆，a_{12} 的代数余子式 $A_{12}\neq0$，$\boldsymbol{\alpha}_1^{\mathrm{T}},\boldsymbol{\alpha}_2^{\mathrm{T}},\boldsymbol{\alpha}_3^{\mathrm{T}},\boldsymbol{\alpha}_4^{\mathrm{T}}$ 为矩阵 $\boldsymbol{A}$ 的行向量组，$\boldsymbol{A}^*$ 为 $\boldsymbol{A}$ 的伴随矩阵，则 $(\boldsymbol{A}^{\mathrm{T}})^*\boldsymbol{x}=\boldsymbol{0}$ 的通解为(　　)。

A. $\boldsymbol{x}=k_1\boldsymbol{\alpha}_1+k_2\boldsymbol{\alpha}_2+k_3\boldsymbol{\alpha}_3$　　B. $\boldsymbol{x}=k_1\boldsymbol{\alpha}_1+k_2\boldsymbol{\alpha}_2+k_3\boldsymbol{\alpha}_4$

C. $\boldsymbol{x}=k_1\boldsymbol{\alpha}_1+k_2\boldsymbol{\alpha}_3+k_3\boldsymbol{\alpha}_4$　　D. $\boldsymbol{x}=k_1\boldsymbol{\alpha}_2+k_2\boldsymbol{\alpha}_3+k_3\boldsymbol{\alpha}_4$

【考法 3】 结合反求矩阵 A 得出基础解系

例题 5 设三阶实对称矩阵 $\boldsymbol{A}=[\boldsymbol{\alpha}_1,\boldsymbol{\alpha}_2,\boldsymbol{\alpha}_3]$有二重特征值 $\lambda_1=\lambda_2=1$，且$\boldsymbol{\alpha}_1+2\boldsymbol{\alpha}_2=\boldsymbol{\alpha}_3$，$\boldsymbol{A}^*$ 是 $\boldsymbol{A}$ 的伴随矩阵。

(1) 方程组 $\boldsymbol{Ax}=\boldsymbol{0}$ 的通解为________。

(2) 方程组 $\boldsymbol{A}^*\boldsymbol{x}=\boldsymbol{0}$ 的通解为________。

【考法 4】 结合基础解系的条件

例题 6 设三阶矩阵 $\boldsymbol{A}=[\boldsymbol{\alpha}_1,\boldsymbol{\alpha}_2,\boldsymbol{\alpha}_3]$，$a_{12}$ 的代数余子式 $A_{12}\neq0$，且$\boldsymbol{\alpha}_1+\boldsymbol{\alpha}_2+\boldsymbol{\alpha}_3=\boldsymbol{0}$，$\boldsymbol{P}$ 为 2 阶可逆矩阵，则下列说法中为 $\boldsymbol{A}^*\boldsymbol{x}=\boldsymbol{0}$ 基础解系的有(　　)个。

① $[\boldsymbol{\alpha}_2,\boldsymbol{\alpha}_3]\boldsymbol{P}$ 的列向量组　　② $[\boldsymbol{\alpha}_1,\boldsymbol{\alpha}_3]\boldsymbol{P}$ 的列向量组

③ $[\boldsymbol{\alpha}_2,\boldsymbol{\alpha}_3]$的等价向量组　　④ $[\boldsymbol{\alpha}_1,\boldsymbol{\alpha}_3]$的等价向量组

A. 1　　B. 2　　C. 3　　D. 4

专题 14 利用基础解系的性质

【考法 1】 利用基础解系三大条件求解相关问题

例题 1 设$\boldsymbol{\alpha}_1,\boldsymbol{\alpha}_2,\boldsymbol{\alpha}_3,\boldsymbol{\alpha}_4$ 是齐次线性方程组 $\boldsymbol{Ax}=\boldsymbol{0}$ 的基础解系，$\boldsymbol{\beta}_1=t_1\boldsymbol{\alpha}_1+t_2\boldsymbol{\alpha}_2$，$\boldsymbol{\beta}_2=t_1\boldsymbol{\alpha}_2+t_2\boldsymbol{\alpha}_3$，$\boldsymbol{\beta}_3=t_1\boldsymbol{\alpha}_3+t_2\boldsymbol{\alpha}_4$，$\boldsymbol{\beta}_4=t_1\boldsymbol{\alpha}_4+t_2\boldsymbol{\alpha}_1$，也是 $\boldsymbol{Ax}=\boldsymbol{0}$ 的基础解系，其中 t_1,t_2 为实常数，则 t_1,t_2 应满足关系(　　)。

A. $t_1\neq\pm t_2$　　B. $t_1=t_2$　　C. $t_1=-t_2$　　D. $t_1=\pm t_2$

【考法 2】 利用解与基础解系的关系求解相关问题

例题 2 设$\boldsymbol{\xi}_1=[0,1,2,3]^{\mathrm{T}}$，$\boldsymbol{\xi}_2=[3,2,1,0]^{\mathrm{T}}$ 是齐次线性方程组 $\boldsymbol{Ax}=\boldsymbol{0}$ 的基础解系，其中 $\boldsymbol{A}$ 是四阶方阵，则下列选项中是 $\boldsymbol{Ax}=\boldsymbol{0}$ 的一个特解是(　　)。

A. $[1,2,-3,1]^{\mathrm{T}}$　　B. $[1,0,2,1]^{\mathrm{T}}$

C. $[1,2,1,3]^{\mathrm{T}}$　　D. $[1,2,3,4]^{\mathrm{T}}$

【考法 3】 基础解系的等价向量组不一定是基础解系

例题 3 已知$\boldsymbol{\xi}_1,\boldsymbol{\xi}_2,\boldsymbol{\xi}_3$是$\boldsymbol{Ax}=\boldsymbol{0}$的基础解系，则$\boldsymbol{Ax}=\boldsymbol{0}$的基础解系还可以表示为(　　)。

A. $\boldsymbol{P}_{3\times3}[\boldsymbol{\xi}_1,\boldsymbol{\xi}_2,\boldsymbol{\xi}_3]$的三个列向量，其中$\boldsymbol{P}_{3\times3}$为可逆矩阵

B. $[\boldsymbol{\xi}_1,\boldsymbol{\xi}_2,\boldsymbol{\xi}_3]\boldsymbol{Q}_{3\times3}$的三个列向量，其中$\boldsymbol{Q}_{3\times3}$为可逆矩阵

C. $\boldsymbol{\xi}_1,\boldsymbol{\xi}_2,\boldsymbol{\xi}_3$的一个等价向量组

D. 一个可由$\boldsymbol{\xi}_1,\boldsymbol{\xi}_2,\boldsymbol{\xi}_3$线性表示的向量组

专题 15 $\boldsymbol{Ax}=\boldsymbol{b}$的解

【考法 1】 判别非齐次方程的解(具体矩阵)

例题 1 设方程组$\begin{cases}x_1+x_2+x_3=b_1\\a_1x_1+a_2x_2+a_3x_3=b_2\\a_1^2x_1+a_2^2x_2+a_3^2x_3=b_3\end{cases}$，其中$a_i\neq a_j\ (i\neq j)$，则下列说法中正确的是(　　)。

A. 此方程组无解

B. 此方程组有唯一解

C. 此方程组有无穷多解

D. 其解的情况与b_1、b_2、b_3的值有关

【考法 2】 判别非齐次方程的解(抽象矩阵)

例题 2 设$\boldsymbol{A}$是$m\times n$矩阵，$m<n$，且$\boldsymbol{A}$的行向量组线性无关，$\boldsymbol{B}$是$n\times(n-m)$矩阵，$\boldsymbol{B}$的列向量组线性无关，且$\boldsymbol{AB}=\boldsymbol{O}$，已知$\boldsymbol{\eta}$是齐次方程组$\boldsymbol{Ax}=\boldsymbol{0}$的解，证明：$\boldsymbol{By}=\boldsymbol{\eta}$有唯一解。

例题 3 设$\boldsymbol{\alpha},\boldsymbol{\beta},\boldsymbol{\gamma}$为三维列向量，矩阵$\boldsymbol{A}=[\boldsymbol{\alpha}+\boldsymbol{\beta},\boldsymbol{\beta}+\boldsymbol{\gamma},\boldsymbol{\gamma}+\boldsymbol{\alpha}]$，$\boldsymbol{B}=[\boldsymbol{\alpha}+2\boldsymbol{\beta},\boldsymbol{\beta}+2\boldsymbol{\gamma},\boldsymbol{\gamma}+2\boldsymbol{\alpha}]$，若$|\boldsymbol{A}|=1$，$\boldsymbol{B}^*$为$\boldsymbol{B}$的伴随矩阵，则非齐次线性方程组$\boldsymbol{B}^*\boldsymbol{x}=\boldsymbol{\beta}$(　　)。

A. 有唯一解

B. 有无穷多解

C. 无解

D. 是否有解与$\boldsymbol{\beta}$有关

【考法3】 利用克拉默法则求解非齐次方程组

例题4 设 $\boldsymbol{A}=\begin{bmatrix}1&1&1&\cdots&1\\a_1&a_2&a_3&\cdots&a_n\\a_1^2&a_2^2&a_3^2&\cdots&a_n^2\\\vdots&\vdots&\vdots&&\vdots\\a_1^{n-1}&a_2^{n-1}&a_3^{n-1}&\cdots&a_n^{n-1}\end{bmatrix}$，$\boldsymbol{x}=\begin{bmatrix}x_1\\x_2\\x_3\\\vdots\\x_n\end{bmatrix}$，$\boldsymbol{\beta}=\begin{bmatrix}1\\1\\1\\\vdots\\1\end{bmatrix}$，其中 $a_i\neq a_j(i\neq j,i,j=1,2,\cdots,n)$，则线性方程组 $\boldsymbol{A}^{\mathrm{T}}\boldsymbol{x}=\boldsymbol{\beta}$ 的解是 $\boldsymbol{x}=$________。

专题16 同解与公共解

【考法1】 利用一个重要的同解方程组

例题1 设 $\boldsymbol{A}$ 为 n 阶实矩阵，$\boldsymbol{A}^{\mathrm{T}}$ 是 $\boldsymbol{A}$ 的转置矩阵，则对于线性方程组(Ⅰ)$\boldsymbol{Ax}=\boldsymbol{0}$ 和(Ⅱ)$\boldsymbol{A}^{\mathrm{T}}\boldsymbol{Ax}=\boldsymbol{0}$，正确的结论为(　　)。

A. (Ⅱ)的解是(Ⅰ)的解，(Ⅰ)的解也是(Ⅱ)的解

B. (Ⅱ)的解是(Ⅰ)的解，但(Ⅰ)的解不是(Ⅱ)的解

C. (Ⅰ)的解不是(Ⅱ)的解，(Ⅱ)的解也不是(Ⅰ)的解

D. (Ⅰ)的解是(Ⅱ)的解，但(Ⅱ)的解不是(Ⅰ)的解

【考法2】 方程组同解，则系数阵行向量组等价

例题2 设 $\boldsymbol{A},\boldsymbol{B}$ 均为 n 阶矩阵，如果方程组 $\boldsymbol{Ax}=\boldsymbol{0}$ 与 $\boldsymbol{Bx}=\boldsymbol{0}$ 同解，则(　　)。

A. 方程组 $\boldsymbol{Ax}=\boldsymbol{0}$ 与 $\begin{bmatrix}\boldsymbol{A}\\-\boldsymbol{B}\end{bmatrix}\boldsymbol{x}=\boldsymbol{0}$ 同解

B. 方程组 $(\boldsymbol{A}-\boldsymbol{B})\boldsymbol{x}=\boldsymbol{0}$ 与 $\boldsymbol{Bx}=\boldsymbol{0}$ 同解

C. 方程组 $\boldsymbol{ABx}=\boldsymbol{0}$ 与 $\boldsymbol{Bx}=\boldsymbol{0}$ 同解

D. 方程组 $\begin{bmatrix}\boldsymbol{A}&\boldsymbol{O}\\\boldsymbol{B}&\boldsymbol{B}^{\mathrm{T}}\end{bmatrix}\boldsymbol{y}=\boldsymbol{0}$ 与 $\begin{bmatrix}\boldsymbol{B}&\boldsymbol{A}\\\boldsymbol{O}&\boldsymbol{A}^{\mathrm{T}}\boldsymbol{A}\end{bmatrix}\boldsymbol{y}=\boldsymbol{0}$ 同解

例题3 设 $\boldsymbol{A},\boldsymbol{B}$ 均为 n 阶矩阵，$\boldsymbol{\beta}$ 为 $2n$ 维列向量，如果方程组 $\boldsymbol{Ax}=\boldsymbol{0}$ 与 $\boldsymbol{Bx}=\boldsymbol{0}$ 同解，下列说法正确的有(　　)个。

① 方程组 $\begin{bmatrix}\boldsymbol{A}&\boldsymbol{O}\\\boldsymbol{E}&\boldsymbol{B}\end{bmatrix}\boldsymbol{y}=\boldsymbol{\beta}$ 一定有解。

② 方程组 $\begin{bmatrix} \boldsymbol{A} & \boldsymbol{O} \\ \boldsymbol{O} & \boldsymbol{B} \end{bmatrix} \boldsymbol{y}=\boldsymbol{0}$ 与 $\begin{bmatrix} \boldsymbol{B} & \boldsymbol{O} \\ \boldsymbol{O} & \boldsymbol{A}\boldsymbol{A}^{\mathrm{T}} \end{bmatrix} \boldsymbol{y}=\boldsymbol{0}$ 同解。

③ 方程组 $\begin{bmatrix} \boldsymbol{A} & \boldsymbol{A}\boldsymbol{B} \\ \boldsymbol{O} & \boldsymbol{B} \end{bmatrix} \boldsymbol{y}=\boldsymbol{0}$ 与 $\begin{bmatrix} \boldsymbol{B} & \boldsymbol{A}^{\mathrm{T}}\boldsymbol{A} \\ \boldsymbol{O} & \boldsymbol{A} \end{bmatrix} \boldsymbol{y}=\boldsymbol{0}$ 同解。

④ 方程组 $\begin{bmatrix} \boldsymbol{B} & \boldsymbol{O} \\ \boldsymbol{A}\boldsymbol{B} & \boldsymbol{A} \end{bmatrix} \boldsymbol{y}=\boldsymbol{0}$ 与 $\begin{bmatrix} \boldsymbol{A} & \boldsymbol{A}\boldsymbol{B} \\ \boldsymbol{O} & \boldsymbol{B} \end{bmatrix} \boldsymbol{y}=\boldsymbol{0}$ 同解。

A. 1　　B. 2　　C. 3　　D. 4

【考法 3】 方程公共解

例题 4 设四元齐次方程组(Ⅰ)为 $\begin{cases} 2x_1+3x_2-x_3=0 \\ x_1+2x_2+x_3-x_4=0 \end{cases}$，且已知另一四元齐次线性方程组(Ⅱ)的一个基础解系为 $\boldsymbol{\alpha}_1=[2,-1,a+2,1]^{\mathrm{T}}$，$\boldsymbol{\alpha}_2=[-1,2,4,a+8]^{\mathrm{T}}$。

(1) 求方程组(Ⅰ)的一个基础解系。

(2) 当 a 为何值时，方程组(Ⅰ)与(Ⅱ)有非零公共解？在有非零公共解时，求出全部非零公共解。

专题 17　化为方程组

【考法 1】 利用方程组反求系数矩阵

例题 1 要使 $\boldsymbol{\xi}_1=[1,1,2]^{\mathrm{T}}$，$\boldsymbol{\xi}_2=[1,1,-1]^{\mathrm{T}}$ 都是齐次线性方程组 $\boldsymbol{A}\boldsymbol{x}=\boldsymbol{0}$ 的解，则系数矩阵为(　　)。

A. $\begin{bmatrix} 1 & -1 & 0 \\ -1 & 1 & 0 \end{bmatrix}$　　B. $\begin{bmatrix} 2 & 0 & -1 \\ 0 & 1 & 1 \end{bmatrix}$

C. $\begin{bmatrix} -1 & -1 & 0 \\ 0 & 1 & -1 \end{bmatrix}$　　D. $\begin{bmatrix} 0 & 1 & -1 \\ 4 & -2 & -2 \\ 0 & 1 & 1 \end{bmatrix}$

【考法 2】 利用 $Ax=b$ 求解 $AX=B$

例题 2 设 $\boldsymbol{A}=\begin{bmatrix} a & 1 & 1 \\ 1 & a & 1 \\ 1 & 1 & a \end{bmatrix}$，$\boldsymbol{B}=\begin{bmatrix} 1 & -1 \\ a & -1 \\ a^2 & -1 \end{bmatrix}$，如果矩阵方程 $\boldsymbol{A}\boldsymbol{X}=\boldsymbol{B}$ 有解，但解不唯一。

(1) 求常数 a。

(2) 对于(1)中的常数 a，求矩阵方程的解。

【考法3】 待定系数求解矩阵

例题 3 设$\boldsymbol{A}=\begin{bmatrix}1 & a\\1 & 0\end{bmatrix}$，$\boldsymbol{B}=\begin{bmatrix}0 & 1\\1 & b\end{bmatrix}$，当$a$，$b$为何值时，存在矩阵$\boldsymbol{C}$使得$\boldsymbol{AC}-\boldsymbol{CA}=\boldsymbol{B}$，并求矩阵$\boldsymbol{C}$。

【考法4】 利用$AX=B$求解初等变换矩阵

例题 4 设a是常数，且矩阵$\boldsymbol{A}=\begin{bmatrix}1 & 2 & a\\1 & 3 & 0\\2 & 7 & -a\end{bmatrix}$可经过初等列变换化为矩阵$\boldsymbol{B}=\begin{bmatrix}1 & a & 2\\0 & 1 & 1\\-1 & 1 & 1\end{bmatrix}$。

(1)求a。(2)求满足$\boldsymbol{AP}=\boldsymbol{B}$的可逆矩阵$\boldsymbol{P}$。

【考法5】 利用正交建立方程

例题 5 已经知4维列向量$\boldsymbol{\alpha}_1$，$\boldsymbol{\alpha}_2$，$\boldsymbol{\alpha}_3$线性无关，若$\boldsymbol{\beta}_i(i=1,2,3,4)$为非零向量，且与$\boldsymbol{\alpha}_1$，$\boldsymbol{\alpha}_2$，$\boldsymbol{\alpha}_3$均正交，则$r(\boldsymbol{\beta}_1,\boldsymbol{\beta}_2,\boldsymbol{\beta}_3,\boldsymbol{\beta}_4)=$________。

专题18 构造特解或通解

【考法1】 构造特解

例题 1 设$\boldsymbol{\alpha}_1$，$\boldsymbol{\alpha}_2$，$\boldsymbol{\alpha}_3$，$\boldsymbol{\alpha}_4$是4元非齐次线性方程组$\boldsymbol{Ax}=\boldsymbol{\beta}$的4个解向量，且$\boldsymbol{\alpha}_1+\boldsymbol{\alpha}_2=[1,2,3,4]^{\mathrm{T}}$，$\boldsymbol{\alpha}_1+\boldsymbol{\alpha}_2+\boldsymbol{\alpha}_3=[2,3,4,5]^{\mathrm{T}}$，$\boldsymbol{\alpha}_1+2\boldsymbol{\alpha}_2-\boldsymbol{\alpha}_3=[2,0,2,4]^{\mathrm{T}}$，如果系数矩阵$\boldsymbol{A}$的$r(\boldsymbol{A})=2$，则$\boldsymbol{Ax}=\boldsymbol{\beta}$的通解为(　　)。

A. $k_1[1,2,3,4]^{\mathrm{T}}+k_2[2,3,4,5]^{\mathrm{T}}+[2,0,2,4]^{\mathrm{T}}$

B. $k_1[1,0,-1,-2]^{\mathrm{T}}+k_2[1,-2,-1,0]^{\mathrm{T}}+[1,1,1,1]^{\mathrm{T}}$

C. $k_1[1,1,1,1]^{\mathrm{T}}+k_2[1,-2,-1,0]^{\mathrm{T}}+[1,2,3,4]^{\mathrm{T}}$

D. $k_1[1,-2,-1,0]^{\mathrm{T}}+k_2[2,3,4,5]^{\mathrm{T}}+[2,3,4,5]^{\mathrm{T}}$

例题 2 设$\boldsymbol{\beta}_1$，$\boldsymbol{\beta}_2$，$\boldsymbol{\beta}_3$都是非齐次线性方程组$\boldsymbol{Ax}=\boldsymbol{b}$的解向量，有以下向量：

① $2\boldsymbol{\beta}_1-\boldsymbol{\beta}_2$；　② $2\boldsymbol{\beta}_1+\boldsymbol{\beta}_2+\boldsymbol{\beta}_3$；　③ $\frac{1}{4}\boldsymbol{\beta}_1+\frac{1}{2}\boldsymbol{\beta}_2+\frac{1}{4}\boldsymbol{\beta}_3$；

④ $\boldsymbol{\beta}_1+\boldsymbol{\beta}_2-2\boldsymbol{\beta}_3$；　⑤ $2\boldsymbol{\beta}_1-4\boldsymbol{\beta}_2+2\boldsymbol{\beta}_3$；　⑥ $\frac{1}{2}\boldsymbol{\beta}_1+\boldsymbol{\beta}_2-\boldsymbol{\beta}_3$。

其中齐次线性方程组 $\boldsymbol{Ax}=\boldsymbol{0}$ 与非齐次线性方程组 $\boldsymbol{Ax}=\boldsymbol{b}$ 的解向量的个数分别有(　　)。

A. 2个,2个　　B. 2个,3个

C. 3个,2个　　D. 3个,3个

【考法2】 构造通解

例题 3 已知三阶方阵 $\boldsymbol{A}=[\boldsymbol{\alpha}_1,\boldsymbol{\alpha}_2,\boldsymbol{\alpha}_3]$,若方程组 $\boldsymbol{Ax}=\boldsymbol{\beta}$ 的通解是 $[1,-2,0]^{\mathrm{T}}+k[2,1,1]^{\mathrm{T}}$,$\boldsymbol{B}=[\boldsymbol{\alpha}_1,\boldsymbol{\alpha}_2,\boldsymbol{\alpha}_3,\boldsymbol{\beta}-5\boldsymbol{\alpha}_3]$,求方程组 $\boldsymbol{Bx}=\boldsymbol{\beta}+\boldsymbol{\alpha}_3$ 的通解。

专题19 列满秩、行满秩

【考法1】 行满秩矩阵,非齐次方程必有解

例题 1 设 $\boldsymbol{A}$ 为 $n\times m$ 矩阵,且 $m\neq n$。若 $\boldsymbol{AA}^{\mathrm{T}}=\boldsymbol{E}_n$,则(　　)。

A. $\boldsymbol{Ax}=\boldsymbol{0}$ 只有零解

B. $\boldsymbol{Ax}=\boldsymbol{b}$ 必有解

C. $\boldsymbol{A}^{\mathrm{T}}\boldsymbol{x}=\boldsymbol{b}$ 必有解

D. 若 m 维列向量组 $\boldsymbol{\beta}_1,\boldsymbol{\beta}_2,\cdots,\boldsymbol{\beta}_s$ 线性无关,则 $\boldsymbol{A\beta}_1,\boldsymbol{A\beta}_2,\cdots,\boldsymbol{A\beta}_s$ 必线性无关

【考法2】 列满秩矩阵有同解方程组

例题 2 设 $\boldsymbol{A}$ 为 $m\times s$ 矩阵,$\boldsymbol{B}$ 为 $s\times n$ 矩阵,且 $r(\boldsymbol{AB})=r(\boldsymbol{B})$,求证方程组 $\boldsymbol{ABx}=\boldsymbol{0}$ 与 $\boldsymbol{Bx}=\boldsymbol{0}$ 的基础解系等价。

【考法3】 左乘列满秩矩阵,秩不变

例题 3 设 $\boldsymbol{A}$ 是 $m\times n$ 矩阵,$r(\boldsymbol{A})=n$,则下列结论不正确的是(　　)。

A. 若 $\boldsymbol{AB}=\boldsymbol{O}$,则 $\boldsymbol{B}=\boldsymbol{O}$　　B. 对任意矩阵 $\boldsymbol{B}$,有 $r(\boldsymbol{AB})=r(\boldsymbol{B})$

C. 存在 $\boldsymbol{B}$,使得 $\boldsymbol{BA}=\boldsymbol{E}$　　D. 对任意矩阵 $\boldsymbol{B}$,有 $r(\boldsymbol{BA})=r(\boldsymbol{B})$

第4章　向　量　组

专题20　线性相关性

【考法1】　利用秩判别线性相关性

例题1　设$\boldsymbol{\alpha}_1,\boldsymbol{\alpha}_2,\cdots,\boldsymbol{\alpha}_s$均为$n$维列向量，$\boldsymbol{A}$为$m\times n$矩阵，下列选项正确的是(　　)。

A. 若$\boldsymbol{\alpha}_1,\boldsymbol{\alpha}_2,\cdots,\boldsymbol{\alpha}_s$线性相关，则$\boldsymbol{A\alpha}_1,\boldsymbol{A\alpha}_2,\cdots,\boldsymbol{A\alpha}_s$线性相关。

B. 若$\boldsymbol{\alpha}_1,\boldsymbol{\alpha}_2,\cdots,\boldsymbol{\alpha}_s$线性相关，则$\boldsymbol{A\alpha}_1,\boldsymbol{A\alpha}_2,\cdots,\boldsymbol{A\alpha}_s$线性无关。

C. 若$\boldsymbol{\alpha}_1,\boldsymbol{\alpha}_2,\cdots,\boldsymbol{\alpha}_s$线性无关，则$\boldsymbol{A\alpha}_1,\boldsymbol{A\alpha}_2,\cdots,\boldsymbol{A\alpha}_s$线性相关。

D. 若$\boldsymbol{\alpha}_1,\boldsymbol{\alpha}_2,\cdots,\boldsymbol{\alpha}_s$线性无关，则$\boldsymbol{A\alpha}_1,\boldsymbol{A\alpha}_2,\cdots,\boldsymbol{A\alpha}_s$线性无关。

【考法2】　量多秩少，必相关

例题2　设向量组Ⅰ：$\boldsymbol{\alpha}_1,\boldsymbol{\alpha}_2,\cdots,\boldsymbol{\alpha}_r$可由向量组Ⅱ：$\boldsymbol{\beta}_1,\boldsymbol{\beta}_2,\cdots,\boldsymbol{\beta}_s$线性表示，则(　　)。

A. 当$r<s$时，向量组Ⅱ必线性相关　　B. 当$r>s$时，向量组Ⅱ必线性相关

C. 当$r<s$时，向量组Ⅰ必线性相关　　D. 当$r>s$时，向量组Ⅰ必线性相关

【考法3】　化为阿尔法矩阵方程

例题3　设n维向量$\boldsymbol{\alpha}_1,\boldsymbol{\alpha}_2,\boldsymbol{\alpha}_3$满足$\boldsymbol{\alpha}_1-2\boldsymbol{\alpha}_2+3\boldsymbol{\alpha}_3=\boldsymbol{0}$，对任意的$n$维向量$\boldsymbol{\beta}$，向量组$\boldsymbol{\alpha}_1+a\boldsymbol{\beta},\boldsymbol{\alpha}_2+b\boldsymbol{\beta},\boldsymbol{\alpha}_3$线性相关，则参数$a,b$应满足(　　)。

A. $a=-b$　　B. $a=b$　　C. $a=-2b$　　D. $a=2b$

例题4　已知向量组$\boldsymbol{\alpha}_1,\boldsymbol{\alpha}_2,\boldsymbol{\alpha}_3$的秩为$r(\boldsymbol{\alpha}_1,\boldsymbol{\alpha}_2,\boldsymbol{\alpha}_3)=3$，若$r(a\boldsymbol{\alpha}_1+b\boldsymbol{\alpha}_2,a\boldsymbol{\alpha}_2+b\boldsymbol{\alpha}_3,a\boldsymbol{\alpha}_3+b\boldsymbol{\alpha}_1)=3$，则$a,b$满足(　　)。

A. $a=b$　　B. $a\neq b$　　C. $|a|=|b|$　　D. $a+b\neq 0$

【考法 4】 利用余子式说明线性相关性

例题 5 设四阶矩阵 $\boldsymbol{A}=[a_{ij}]_{4\times4}$ 不可逆，a_{34} 的代数余子式 $A_{34}\neq0$，$\boldsymbol{\alpha}_1,\boldsymbol{\alpha}_2,\boldsymbol{\alpha}_3,\boldsymbol{\alpha}_4$ 为矩阵 $\boldsymbol{A}$ 的列向量组，$\boldsymbol{\beta}_1,\boldsymbol{\beta}_2,\boldsymbol{\beta}_3,\boldsymbol{\beta}_4$ 是矩阵 $\boldsymbol{A}$ 的行向量组。则下列向量组中线性无关的有(　　)。

① $\boldsymbol{\alpha}_1,\boldsymbol{\alpha}_2,\boldsymbol{\alpha}_3$　② $\boldsymbol{\alpha}_1,\boldsymbol{\alpha}_2,\boldsymbol{\alpha}_4$　③ $\boldsymbol{\beta}_1,\boldsymbol{\beta}_2,\boldsymbol{\beta}_3$

④ $\boldsymbol{\beta}_1,\boldsymbol{\beta}_2,\boldsymbol{\beta}_4$　⑤ $\boldsymbol{\beta}_1,\boldsymbol{\beta}_2$　⑥ $\boldsymbol{\alpha}_1+\boldsymbol{\alpha}_2,\boldsymbol{\alpha}_2+\boldsymbol{\alpha}_4,\boldsymbol{\alpha}_4$

⑦ $\boldsymbol{\alpha}_1+\boldsymbol{\alpha}_2+\boldsymbol{\alpha}_3,\boldsymbol{\alpha}_2+\boldsymbol{\alpha}_3,\boldsymbol{\alpha}_3$　⑧ $\boldsymbol{\alpha}_1-\boldsymbol{\alpha}_2,\boldsymbol{\alpha}_2-\boldsymbol{\alpha}_4,\boldsymbol{\alpha}_4-\boldsymbol{\alpha}_1$

A. 3 个　B. 4 个　C. 5 个　D. 6 个

【考法 5】 求解极大线性无关组的相关问题

例题 6 $\boldsymbol{\alpha}_1=\begin{bmatrix}1\\-1\\2\\4\end{bmatrix},\boldsymbol{\alpha}_2=\begin{bmatrix}0\\3\\1\\2\end{bmatrix},\boldsymbol{\alpha}_3=\begin{bmatrix}3\\0\\7\\14\end{bmatrix},\boldsymbol{\alpha}_4=\begin{bmatrix}1\\-2\\2\\0\end{bmatrix},\boldsymbol{\alpha}_5=\begin{bmatrix}2\\1\\5\\10\end{bmatrix}$。

(1) 求极大线性无关组，并把其余向量用极大线性无关组线性表示。

(2) 若 $\boldsymbol{A}=[\boldsymbol{\alpha}_1,\boldsymbol{\alpha}_2,\boldsymbol{\alpha}_3,\boldsymbol{\alpha}_4,\boldsymbol{\alpha}_5]$，求非齐次方程 $\boldsymbol{Ax}=2\boldsymbol{\alpha}_3+\boldsymbol{\alpha}_5$ 的通解。

【考法 6】 线性变换确定秩

例题 7 设向量组 $\boldsymbol{\alpha}_1,\boldsymbol{\alpha}_2,\boldsymbol{\alpha}_3$ 线性无关，向量 $\boldsymbol{\beta}_1,\boldsymbol{\beta}_2$ 可由 $\boldsymbol{\alpha}_1,\boldsymbol{\alpha}_2,\boldsymbol{\alpha}_3$ 线性表示，而向量 $\boldsymbol{\beta}_3,\boldsymbol{\beta}_4$ 不能由 $\boldsymbol{\alpha}_1,\boldsymbol{\alpha}_2,\boldsymbol{\alpha}_3$ 线性表示，则必有(　　)。

A. $r(\boldsymbol{\alpha}_1,\boldsymbol{\alpha}_2,\boldsymbol{\alpha}_3,\boldsymbol{\beta}_1+\boldsymbol{\beta}_3)=3$　B. $r(\boldsymbol{\alpha}_1,\boldsymbol{\alpha}_2,\boldsymbol{\beta}_4)=3$

C. $r(\boldsymbol{\alpha}_1,\boldsymbol{\alpha}_2,\boldsymbol{\alpha}_3,\boldsymbol{\beta}_2,\boldsymbol{\beta}_3,\boldsymbol{\beta}_4)=5$　D. $r(\boldsymbol{\alpha}_1,\boldsymbol{\alpha}_2,\boldsymbol{\beta}_2)=2$

【考法 7】 越多越相关，越长越无关

例题 8 下列命题中，正确的有(　　)个。

① 若向量组 $\boldsymbol{\alpha}_1,\boldsymbol{\alpha}_2,\cdots,\boldsymbol{\alpha}_s$ 线性相关，则存在全不为零的数 $k_1,k_2,\cdots,k_s$，使得 $\sum_{i=1}^{s}k_i\boldsymbol{\alpha}_i=\boldsymbol{0}$。

② 若向量组 $\boldsymbol{\alpha}_1,\boldsymbol{\alpha}_2,\cdots,\boldsymbol{\alpha}_s$ 线性相关，则 $\boldsymbol{\alpha}_s$ 可由其余 $s-1$ 个向量线性表示。

③ 若向量组 $\boldsymbol{\alpha}_1,\boldsymbol{\alpha}_2,\cdots,\boldsymbol{\alpha}_{s-1}$ 线性相关，则 $\boldsymbol{\alpha}_1,\boldsymbol{\alpha}_2,\cdots,\boldsymbol{\alpha}_s$ 必线性相关。

④ 若向量组 $\boldsymbol{\alpha}_1,\boldsymbol{\alpha}_2,\cdots,\boldsymbol{\alpha}_s$ 线性无关，则 $\boldsymbol{\alpha}_s$ 不可由其余 $s-1$ 个向量线性表示。

⑤ 若向量组 $\boldsymbol{\alpha}_1,\boldsymbol{\alpha}_2,\cdots,\boldsymbol{\alpha}_s$ 线性无关，则它的任何一个部分组线性无关。

A. 1　B. 2　C. 3　D. 4

例题 9 下列命题中正确的有(　　)个。

① 若向量组$\boldsymbol{\alpha}_1,\boldsymbol{\alpha}_2,\cdots,\boldsymbol{\alpha}_s$线性相关,则$\boldsymbol{\alpha}_1-\boldsymbol{\alpha}_s,\boldsymbol{\alpha}_2-\boldsymbol{\alpha}_s,\cdots,\boldsymbol{\alpha}_{s-1}-\boldsymbol{\alpha}_s$必线性相关。

② 若向量组$\boldsymbol{\alpha}_1,\boldsymbol{\alpha}_2,\cdots,\boldsymbol{\alpha}_s$线性无关,则$\boldsymbol{\alpha}_1+\boldsymbol{\alpha}_s,\boldsymbol{\alpha}_2+\boldsymbol{\alpha}_s,\cdots,\boldsymbol{\alpha}_{s-1}+\boldsymbol{\alpha}_s$线性无关。

③ 若向量组$\boldsymbol{\alpha}_1,\boldsymbol{\alpha}_2,\cdots,\boldsymbol{\alpha}_s$线性相关,则$\begin{bmatrix}\boldsymbol{\alpha}_1\\\boldsymbol{\alpha}_1\end{bmatrix},\begin{bmatrix}\boldsymbol{\alpha}_2\\\boldsymbol{\alpha}_1\end{bmatrix},\cdots,\begin{bmatrix}\boldsymbol{\alpha}_s\\\boldsymbol{\alpha}_1\end{bmatrix}$必线性相关。

④ 若向量组$\boldsymbol{\alpha}_1,\boldsymbol{\alpha}_2,\cdots,\boldsymbol{\alpha}_s$线性无关,则$\begin{bmatrix}\boldsymbol{\alpha}_1\\\boldsymbol{\alpha}_s\end{bmatrix},\begin{bmatrix}\boldsymbol{\alpha}_2\\\boldsymbol{\alpha}_s\end{bmatrix},\cdots,\begin{bmatrix}\boldsymbol{\alpha}_s\\\boldsymbol{\alpha}_s\end{bmatrix}$线性无关。

A. 1　　B. 2　　C. 3　　D. 4

专题 21 线性无关的判别与证明

【考法 1】 利用定义法证明线性无关

例题 1 设$\boldsymbol{A}$为n阶矩阵,$\boldsymbol{\alpha}_1,\boldsymbol{\alpha}_2,\boldsymbol{\alpha}_3$为$n$维列向量,其中$\boldsymbol{\alpha}_1\neq\boldsymbol{0}$,且$\boldsymbol{A}\boldsymbol{\alpha}_1=\boldsymbol{\alpha}_1,\boldsymbol{A}\boldsymbol{\alpha}_2=\boldsymbol{\alpha}_1+\boldsymbol{\alpha}_2,\boldsymbol{A}\boldsymbol{\alpha}_3=\boldsymbol{\alpha}_2+\boldsymbol{\alpha}_3$,证明:$\boldsymbol{\alpha}_1,\boldsymbol{\alpha}_2,\boldsymbol{\alpha}_3$线性无关。

例题 2 设n维向量$\boldsymbol{\alpha}_1,\boldsymbol{\alpha}_2$线性无关,且$\boldsymbol{\alpha}_3,\boldsymbol{\alpha}_4$线性无关,若$\boldsymbol{\alpha}_1,\boldsymbol{\alpha}_2$分别与$\boldsymbol{\alpha}_3,\boldsymbol{\alpha}_4$正交,证明:$\boldsymbol{\alpha}_1,\boldsymbol{\alpha}_2,\boldsymbol{\alpha}_3,\boldsymbol{\alpha}_4$线性无关。

【考法 2】 利用秩证明线性无关

例题 3 $\boldsymbol{A}$为$n\times m$矩阵,$\boldsymbol{B}$为$m\times n$矩阵$(m>n)$,且$\boldsymbol{AB}=\boldsymbol{E}$。证明:$\boldsymbol{B}$的列向量组线性无关。

例题 4 设$\boldsymbol{A}$为三阶矩阵,且$\boldsymbol{A}$有3个不同的特征值$\lambda_1,\lambda_2,\lambda_3$,对应于$\lambda_1,\lambda_2,\lambda_3$的特征向量分别为$\boldsymbol{\alpha}_1,\boldsymbol{\alpha}_2,\boldsymbol{\alpha}_3$,记$\boldsymbol{\beta}=(\boldsymbol{\alpha}_1+\boldsymbol{\alpha}_2+\boldsymbol{\alpha}_3)$。证明:$\boldsymbol{\beta},\boldsymbol{A\beta},\boldsymbol{A}^2\boldsymbol{\beta}$线性无关。

【考法 3】 线性无关的判别

例题 5 设$\boldsymbol{\alpha}_1,\boldsymbol{\alpha}_2,\boldsymbol{\alpha}_3$均为三维向量,则对任意常数$k$和$\mu$,向量组$\boldsymbol{\alpha}_1+k\boldsymbol{\alpha}_3,\boldsymbol{\alpha}_2+\mu\boldsymbol{\alpha}_3$线性无关是向量组$\boldsymbol{\alpha}_1,\boldsymbol{\alpha}_2,\boldsymbol{\alpha}_3$线性无关的(　　)。

A. 充分必要条件　　B. 充分非必要条件

C. 必要非充分条件　　D. 非充分非必要条件

例题 6 设 n 维列向量组 $\boldsymbol{\alpha}_1,\boldsymbol{\alpha}_2,\cdots,\boldsymbol{\alpha}_m(m<n)$ 线性无关，则 n 维列向量组 $\boldsymbol{\beta}_1,\boldsymbol{\beta}_2,\cdots,\boldsymbol{\beta}_m$ 线性无关的充分必要条件为（　　）。

A. 向量组 $\boldsymbol{\alpha}_1,\cdots,\boldsymbol{\alpha}_m$ 可由向量组 $\boldsymbol{\beta}_1,\cdots,\boldsymbol{\beta}_m$ 线性表示

B. 向量组 $\boldsymbol{\beta}_1,\cdots,\boldsymbol{\beta}_m$ 可由向量组 $\boldsymbol{\alpha}_1,\cdots,\boldsymbol{\alpha}_m$ 线性表示

C. 向量组 $\boldsymbol{\alpha}_1,\cdots,\boldsymbol{\alpha}_m$ 与向量组 $\boldsymbol{\beta}_1,\cdots,\boldsymbol{\beta}_m$ 等价

D. 矩阵 $\boldsymbol{A}=(\boldsymbol{\alpha}_1,\cdots,\boldsymbol{\alpha}_m)$ 与矩阵 $\boldsymbol{B}=(\boldsymbol{\beta}_1,\cdots,\boldsymbol{\beta}_m)$ 等价

专题 22　单个向量的线性表示

【考法 1】 可被线性表示，秩不变；不可被线性表示，秩加 1

例题 1 设向量 $\boldsymbol{\beta}$ 可由向量组 $\boldsymbol{\alpha}_1,\boldsymbol{\alpha}_2,\cdots,\boldsymbol{\alpha}_m$ 线性表示，但不能由向量组（Ⅰ）$\boldsymbol{\alpha}_1,\boldsymbol{\alpha}_2,\cdots,\boldsymbol{\alpha}_{m-1}$ 线性表示，记向量组（Ⅱ）$\boldsymbol{\alpha}_1,\boldsymbol{\alpha}_2,\cdots,\boldsymbol{\alpha}_{m-1},\boldsymbol{\beta}$，则（　　）。

A. $\boldsymbol{\alpha}_m$ 不能由（Ⅰ）线性表示，也不能由（Ⅱ）线性表示

B. $\boldsymbol{\alpha}_m$ 不能由（Ⅰ）线性表示，但可由（Ⅱ）线性表示

C. $\boldsymbol{\alpha}_m$ 可由（Ⅰ）线性表示，也可由（Ⅱ）线性表示

D. $\boldsymbol{\alpha}_m$ 可由（Ⅰ）线性表示，但不可由（Ⅱ）线性表示

【考法 2】 不能被 n 个 n 维向量线性表示

例题 2 设向量组 $\boldsymbol{\alpha}_1=(1,0,1)^{\mathrm{T}},\boldsymbol{\alpha}_2=(0,1,1)^{\mathrm{T}},\boldsymbol{\alpha}_3=(1,3,5)^{\mathrm{T}}$，不能由向量组 $\boldsymbol{\beta}_1=(1,1,1)^{\mathrm{T}}$，$\boldsymbol{\beta}_2=(1,2,3)^{\mathrm{T}},\boldsymbol{\beta}_3=(3,4,a)^{\mathrm{T}}$ 线性表示。

(1) 求 a 的值。

(2) 将 $\boldsymbol{\beta}_1,\boldsymbol{\beta}_2,\boldsymbol{\beta}_3$ 用 $\boldsymbol{\alpha}_1,\boldsymbol{\alpha}_2,\boldsymbol{\alpha}_3$ 线性表示。

【考法 3】 线性表示唯一性定理

例题 3 若向量组 $\boldsymbol{\alpha},\boldsymbol{\beta},\boldsymbol{\gamma}$ 线性无关，$\boldsymbol{\alpha},\boldsymbol{\beta},\boldsymbol{\delta}$ 线性相关，则（　　）。

A. $\boldsymbol{\alpha}$ 必可由 $\boldsymbol{\beta},\boldsymbol{\gamma},\boldsymbol{\delta}$ 线性表示

B. $\boldsymbol{\beta}$ 必不可由 $\boldsymbol{\alpha},\boldsymbol{\gamma},\boldsymbol{\delta}$ 线性表示

C. $\boldsymbol{\delta}$ 必可由 $\boldsymbol{\alpha},\boldsymbol{\beta},\boldsymbol{\gamma}$ 线性表示

D. $\boldsymbol{\delta}$ 必不可由 $\boldsymbol{\alpha},\boldsymbol{\beta},\boldsymbol{\gamma}$ 线性表示

例题 4 设向量组$\boldsymbol{\alpha}_1,\boldsymbol{\alpha}_2,\boldsymbol{\alpha}_3$线性相关，向量组$\boldsymbol{\alpha}_2,\boldsymbol{\alpha}_3,\boldsymbol{\alpha}_4$线性无关。

(1) $\boldsymbol{\alpha}_1$能否由$\boldsymbol{\alpha}_2,\boldsymbol{\alpha}_3$线性表示？试证明或举出反例。

(2) $\boldsymbol{\alpha}_4$能否由$\boldsymbol{\alpha}_1,\boldsymbol{\alpha}_2,\boldsymbol{\alpha}_3$线性表示？试证明或举出反例。

专题 23 向量组的线性表示

【考法 1】 $AB=C$ 则 A 可线性表示 C 的列向量组

例题 1 设$\boldsymbol{A},\boldsymbol{B},\boldsymbol{C}$均为$n$阶矩阵，若$\boldsymbol{AB}=\boldsymbol{C}$，且$\boldsymbol{B}$可逆，则(　　)。

A. 矩阵$\boldsymbol{C}$的行向量组与矩阵$\boldsymbol{A}$的行向量组等价

B. 矩阵$\boldsymbol{C}$的列向量组与矩阵$\boldsymbol{A}$的列向量组等价

C. 矩阵$\boldsymbol{C}$的行向量组与矩阵$\boldsymbol{B}$的行向量组等价

D. 矩阵$\boldsymbol{C}$的列向量组与矩阵$\boldsymbol{B}$的列向量组等价

【考法 2】 $BA=C$，则 A 可线性表示 C 的行向量组

例题 2 设$\boldsymbol{\alpha}=\begin{bmatrix}1\\-1\\1\end{bmatrix}$，$\boldsymbol{A},\boldsymbol{B}$均为$n$阶矩阵，且$(\boldsymbol{\alpha}\boldsymbol{\alpha}^{\mathrm{T}}-\boldsymbol{E})\boldsymbol{A}=\boldsymbol{B}$，则(　　)。

A. $\boldsymbol{B}$的列向量组与$\boldsymbol{\alpha}\boldsymbol{\alpha}^{\mathrm{T}}-\boldsymbol{E}$的列向量组等价

B. $\boldsymbol{B}$的行向量组与$\boldsymbol{\alpha}\boldsymbol{\alpha}^{\mathrm{T}}-\boldsymbol{E}$的行向量组等价

C. $\boldsymbol{B}$的列向量组与$\boldsymbol{A}$的列向量组等价

D. $\boldsymbol{B}$的行向量组与$\boldsymbol{A}$的行向量组等价

【考法 3】 向量组等价与矩阵等价的区别

例题 3 设n维列向量组$\boldsymbol{\alpha}_1,\boldsymbol{\alpha}_2,\cdots,\boldsymbol{\alpha}_m(m<n)$线性无关，则$n$维列向量组$\boldsymbol{\beta}_1,\boldsymbol{\beta}_2,\cdots,\boldsymbol{\beta}_m$线性无关的充分必要条件是(　　)。

A. 向量组$\boldsymbol{\alpha}_1,\boldsymbol{\alpha}_2,\cdots,\boldsymbol{\alpha}_m$可由向量组$\boldsymbol{\beta}_1,\boldsymbol{\beta}_2,\cdots,\boldsymbol{\beta}_m$线性表示

B. 向量组$\boldsymbol{\beta}_1,\boldsymbol{\beta}_2,\cdots,\boldsymbol{\beta}_m$可由向量组$\boldsymbol{\alpha}_1,\boldsymbol{\alpha}_2,\cdots,\boldsymbol{\alpha}_m$线性表示

C. 向量组$\boldsymbol{\alpha}_1,\boldsymbol{\alpha}_2,\cdots,\boldsymbol{\alpha}_m$与向量组$\boldsymbol{\beta}_1,\boldsymbol{\beta}_2,\cdots,\boldsymbol{\beta}_m$等价

D. 矩阵$[\boldsymbol{\alpha}_1,\boldsymbol{\alpha}_2,\cdots,\boldsymbol{\alpha}_m]$与矩阵$[\boldsymbol{\beta}_1,\boldsymbol{\beta}_2,\cdots,\boldsymbol{\beta}_m]$等价

【考法4】 双(向量)组线(性)表(示)同一向量(适用于对系数无要求的情况)

例题 4 设$\boldsymbol{\alpha}_1,\boldsymbol{\alpha}_2,\boldsymbol{\beta}_1,\boldsymbol{\beta}_2$均为三维列向量,且$\boldsymbol{\alpha}_1,\boldsymbol{\alpha}_2$线性无关,$\boldsymbol{\beta}_1,\boldsymbol{\beta}_2$线性无关。

(1) 证明:存在非零向量$\boldsymbol{\xi}$,使得$\boldsymbol{\xi}$既可由$\boldsymbol{\alpha}_1,\boldsymbol{\alpha}_2$线性表示,又可由$\boldsymbol{\beta}_1,\boldsymbol{\beta}_2$线性表示。

(2) 当$\boldsymbol{\alpha}_1=[1,3,4]^{\mathrm{T}},\boldsymbol{\alpha}_2=[2,5,5]^{\mathrm{T}},\boldsymbol{\beta}_1=[2,3,-1]^{\mathrm{T}},\boldsymbol{\beta}_2=[-3,-4,3]^{\mathrm{T}}$时,求(1)中的$\xi$。

【考法5】 双(向量)组线(性)表(示)同一向量(适用于系数一致的情况)

例题 5 设$\boldsymbol{\alpha}_1=[1,2,1]^{\mathrm{T}},\boldsymbol{\alpha}_2=[-3,1,0]^{\mathrm{T}},\boldsymbol{\beta}_1=[3,0,2]^{\mathrm{T}},\boldsymbol{\beta}_2=[2,-1,1]^{\mathrm{T}}$。

(1) 是否存在非零向量$\boldsymbol{\xi}$既可由$\boldsymbol{\alpha}_1,\boldsymbol{\alpha}_2$线性表示,又可由$\boldsymbol{\beta}_1,\boldsymbol{\beta}_2$线性表示?

(2) 是否存在非零向量$\boldsymbol{\xi}$由$\boldsymbol{\alpha}_1,\boldsymbol{\alpha}_2$和$\boldsymbol{\beta}_1,\boldsymbol{\beta}_2$线性表示时的系数对应相同(即是否存在$\boldsymbol{\xi}=x_1\boldsymbol{\alpha}_1+x_2\boldsymbol{\alpha}_2=x_1\boldsymbol{\beta}_1+x_2\boldsymbol{\beta}_2$)?

专题24 线性无关解的个数

【考法】 线性方程线性无关解的个数

例题 1 设$\boldsymbol{A}$是三阶非零矩阵,满足$\boldsymbol{A}^2=\boldsymbol{O}$,则线性非齐次方程组$\boldsymbol{Ax}=\boldsymbol{\beta}$的线性无关解向量个数最多有( )个。

A. 1 B. 2 C. 3 D. 4

例题 2 已知方程组$\begin{cases}x_1+x_2+x_3+x_4=-1\\4x_1+3x_2+5x_3-x_4=-1\\ax_1+x_2+3x_3+bx_4=1\end{cases}$有3个线性无关的解,则$a,b$的值分别为________。

例题 3 设$\boldsymbol{A}$是三阶矩阵,$\boldsymbol{\xi}_1=[1,2,-2]^{\mathrm{T}},\boldsymbol{\xi}_2=[2,1,-1]^{\mathrm{T}},\boldsymbol{\xi}_3=[1,1,t]^{\mathrm{T}}$是线性非齐次方程组$\boldsymbol{Ax}=\boldsymbol{b}$的解向量,其中$\boldsymbol{b}=[1,3,-2]^{\mathrm{T}}$,则( )。

A. $t=-1$,必有$r(\boldsymbol{A})=1$ B. $t=-1$,必有$r(\boldsymbol{A})=2$

C. $t\neq-1$,必有$r(\boldsymbol{A})=1$ D. $t\neq-1$,必有$r(\boldsymbol{A})=2$

专题 25 数学一专属向量组考法

【考法 1】 平面直线关系与线代结合

例题 1 设$\boldsymbol{\alpha}_1=(a_1,a_2,a_3)^{\mathrm{T}}$，$\boldsymbol{\alpha}_2=(b_1,b_2,b_3)^{\mathrm{T}}$，$\boldsymbol{\alpha}_3=(c_1,c_2,c_3)^{\mathrm{T}}$，则三条直线 $a_1x+b_1y+c_1=0$，$a_2x+b_2y+c_2=0$，$a_3x+b_3y+c_3=0$ 相交于一点的充分必要条件是(　　)。

A. $\boldsymbol{\alpha}_1,\boldsymbol{\alpha}_2,\boldsymbol{\alpha}_3$ 线性无关

B. $\boldsymbol{\alpha}_1,\boldsymbol{\alpha}_2,\boldsymbol{\alpha}_3$ 线性相关，且其中任意两个向量均线性相关

C. $r(\boldsymbol{\alpha}_1,\boldsymbol{\alpha}_2,\boldsymbol{\alpha}_3)=r(\boldsymbol{\alpha}_1,\boldsymbol{\alpha}_2)=2$

D. $r(\boldsymbol{\alpha}_1,\boldsymbol{\alpha}_2,\boldsymbol{\alpha}_3)=r(\boldsymbol{\alpha}_1,\boldsymbol{\alpha}_2)=1$

【考法 2】 基与过渡矩阵

例题 2 设 $\mathbf{R}^3$ 中的向量$\boldsymbol{\xi}$在基$\boldsymbol{\alpha}_1=[1,-2,1]^{\mathrm{T}}$，$\boldsymbol{\alpha}_2=[0,1,1]^{\mathrm{T}}$，$\boldsymbol{\alpha}_3=[3,2,1]^{\mathrm{T}}$ 下的坐标为$[x_1,x_2,x_3]^{\mathrm{T}}$，它在基 $\boldsymbol{\beta}_1,\boldsymbol{\beta}_2,\boldsymbol{\beta}_3$ 下的坐标为$[y_1,y_2,y_3]^{\mathrm{T}}$，且 $y_1=x_1-x_2-x_3$，$y_2=-x_1+x_2$，$y_3=x_1+2x_3$，则由基 $\boldsymbol{\beta}_1,\boldsymbol{\beta}_2,\boldsymbol{\beta}_3$ 到基 $\boldsymbol{\alpha}_1,\boldsymbol{\alpha}_2,\boldsymbol{\alpha}_3$ 的过渡矩阵 $\boldsymbol{P}=$________。

例题 3 从 $\mathbf{R}^2$ 的基 $\boldsymbol{\alpha}_1=\begin{bmatrix}1\\0\end{bmatrix}$，$\boldsymbol{\alpha}_2=\begin{bmatrix}1\\-1\end{bmatrix}$ 到基 $\boldsymbol{\beta}_1=\begin{bmatrix}1\\1\end{bmatrix}$，$\boldsymbol{\beta}_2=\begin{bmatrix}1\\2\end{bmatrix}$ 的过渡矩阵为________。

【考法 3】 在两组基下的坐标相同

例题 4 设四维向量空间 V 的两个基分别为(Ⅰ)$\boldsymbol{\alpha}_1,\boldsymbol{\alpha}_2,\boldsymbol{\alpha}_3,\boldsymbol{\alpha}_4$；(Ⅱ)$\boldsymbol{\beta}_1=\boldsymbol{\alpha}_1+\boldsymbol{\alpha}_2+\boldsymbol{\alpha}_3$，$\boldsymbol{\beta}_2=\boldsymbol{\alpha}_2+\boldsymbol{\alpha}_3+\boldsymbol{\alpha}_4$，$\boldsymbol{\beta}_3=\boldsymbol{\alpha}_3+\boldsymbol{\alpha}_4$，$\boldsymbol{\beta}_4=\boldsymbol{\alpha}_4$。

求(1) 由基(Ⅱ)到基(Ⅰ)的过渡矩阵。

(2) 在基(Ⅰ)和基(Ⅱ)下有相同坐标的全体向量。

【考法 4】 反求基底

例题 5 已知$\boldsymbol{\alpha}_1,\boldsymbol{\alpha}_2,\boldsymbol{\alpha}_3$ 与$\boldsymbol{\beta}_1,\boldsymbol{\beta}_2,\boldsymbol{\beta}_3$ 是三维向量空间的两组基，若向量$\boldsymbol{\gamma}$ 在这两组基下的坐标分别为(x_1,x_2,x_3)与(y_1,y_2,y_3)且 $y_1=x_1$，$y_2=x_1+x_2$，$y_3=x_1+x_2+x_3$。

(1)求由基$\boldsymbol{\alpha}_1,\boldsymbol{\alpha}_2,\boldsymbol{\alpha}_3$ 到基 $\boldsymbol{\beta}_1,\boldsymbol{\beta}_2,\boldsymbol{\beta}_3$ 的过渡矩阵。(2)若$\boldsymbol{\alpha}_1=[1,2,3]^{\mathrm{T}}$，$\boldsymbol{\alpha}_2=[2,3,1]^{\mathrm{T}}$，$\boldsymbol{\alpha}_3=[3,1,2]^{\mathrm{T}}$，试求$\boldsymbol{\beta}_1,\boldsymbol{\beta}_2,\boldsymbol{\beta}_3$。

专题26 施密特正交化

【考法】 施密特正交化

例题 1 已知$\boldsymbol{\alpha}_1=\begin{bmatrix}1\\0\\1\end{bmatrix}$，$\boldsymbol{\alpha}_2=\begin{bmatrix}1\\2\\1\end{bmatrix}$，$\boldsymbol{\alpha}_3=\begin{bmatrix}3\\1\\2\end{bmatrix}$，记$\boldsymbol{\beta}_1=\boldsymbol{\alpha}_1$，$\boldsymbol{\beta}_2=\boldsymbol{\alpha}_2-k\boldsymbol{\beta}_1$，$\boldsymbol{\beta}_3=\boldsymbol{\alpha}_3-l_1\boldsymbol{\beta}_1-l_2\boldsymbol{\beta}_2$，若$\boldsymbol{\beta}_1$，$\boldsymbol{\beta}_2$，$\boldsymbol{\beta}_3$两两正交，则$l_1$，$l_2$分别为(　　)。

A. $\frac{5}{2},\frac{1}{2}$　　B. $-\frac{5}{2},\frac{1}{2}$　　C. $\frac{5}{2},-\frac{1}{2}$　　D. $-\frac{5}{2},-\frac{1}{2}$

第 5 章　相似矩阵、特征值

专题 27　求特征值与特征向量

【考法 1】　特征值的可能取值

例题 1　若矩阵 $\boldsymbol{A}$ 的迹为 0，且满足 $\boldsymbol{A}^2+\boldsymbol{A}=2\boldsymbol{E}$，则行列式 $|\boldsymbol{A}+\boldsymbol{E}|=$________。

【考法 2】　利用特征值的性质

例题 2　已知矩阵 $\boldsymbol{A}=\begin{bmatrix} b & 0 & 2 \\ 0 & -1 & 0 \\ a & 4 & a+2 \end{bmatrix}$ 的特征值之和为 2，特征值之积为 -2，若 $a<0$，则 $b=$（　　）。

A. 4　　B. -4　　C. 2　　D. -2

【考法 3】　定义确定特征向量

例题 3　设 $\boldsymbol{A}$ 是 n 阶实对称矩阵，$\boldsymbol{P}$ 是 n 阶可逆矩阵，已知 n 维列向量 $\boldsymbol{\alpha}$ 是 $\boldsymbol{A}$ 的属于特征值 λ 的特征向量，则矩阵 $(\boldsymbol{P}^{-1}\boldsymbol{AP})^{\mathrm{T}}$ 的属于特征值 λ 的特征向量是（　　）。

A. $\boldsymbol{P}^{-1}\boldsymbol{\alpha}$　　B. $\boldsymbol{P}^{\mathrm{T}}\boldsymbol{\alpha}$

C. $\boldsymbol{P}\boldsymbol{\alpha}$　　D. $(\boldsymbol{P}^{-1})^{\mathrm{T}}\boldsymbol{\alpha}$

【考法 4】　伴随矩阵的特征值

例题 4　已知 $\boldsymbol{\alpha}=[1,3,2]^{\mathrm{T}}$，$\boldsymbol{\beta}=[1,-1,2]^{\mathrm{T}}$，若矩阵 $\boldsymbol{A}$ 与 $\boldsymbol{\alpha}\boldsymbol{\beta}^{\mathrm{T}}$ 相似，那么 $(2\boldsymbol{A}+\boldsymbol{E})^*$ 的特征值是________。

【考法 5】　将特征向量与特征值对应

例题 5　设 $\boldsymbol{A}$ 为三阶实对称矩阵，$\boldsymbol{A}$ 的特征值为 2，1，1，特征向量为 $\boldsymbol{\alpha}_1=(1,1,-2)^{\mathrm{T}}$，$\boldsymbol{\alpha}_2=(1,-1,0)^{\mathrm{T}}$，$\boldsymbol{\alpha}_3=(2,0,-2)^{\mathrm{T}}$，$\boldsymbol{\alpha}_4=(4,0,-4)^{\mathrm{T}}$。

(1) 求 $\boldsymbol{A}$ 的属于特征值 $\lambda_1=2$ 的所有特征向量。(2) 求 $\boldsymbol{A}$。

【考法6】　特征值的应用题

例题 6　某生产线在每年一月份进行熟练工与非熟练工的人数统计，然后将$\frac{1}{6}$的熟练工支援其他生产部门，其缺额由招收新的非熟练工补充。新、老非熟练工经过培训及实践至年终考核，有$\frac{2}{5}$成为熟练工。设第 n 年一月份统计的熟练工和非熟练工所占百分比分别为 x_n，y_n，记成向量$\begin{bmatrix} x_n \\ y_n \end{bmatrix}$。

（1）求$\begin{bmatrix} x_{n+1} \\ y_{n+1} \end{bmatrix}$与$\begin{bmatrix} x_n \\ y_n \end{bmatrix}$的关系式并写成矩阵形式：$\begin{bmatrix} x_{n+1} \\ y_{n+1} \end{bmatrix}=\boldsymbol{A}\begin{bmatrix} x_n \\ y_n \end{bmatrix}$。

（2）验证$\boldsymbol{\eta}_1=\begin{bmatrix} 4 \\ 1 \end{bmatrix}$，$\boldsymbol{\eta}_2=\begin{bmatrix} -1 \\ 1 \end{bmatrix}$是 $\boldsymbol{A}$ 的两个线性无关的特征向量，并求出相应的特征值。

（3）当$\begin{bmatrix} x_1 \\ y_1 \end{bmatrix}=\begin{bmatrix} \frac{1}{2} \\ \frac{1}{2} \end{bmatrix}$时，求$\begin{bmatrix} x_{n+1} \\ y_{n+1} \end{bmatrix}$。

【考法7】　由正交化求解实对称矩阵的特征向量

例题 7　已知二阶非零实对称矩阵 $\boldsymbol{A}$ 不可逆，$(1,1)^{\mathrm{T}}$ 是矩阵的一个特征向量，则下列向量中为 $\boldsymbol{A}$ 的特征向量的是（　　）。

A. $c(1,1)^{\mathrm{T}}$

B. $c(1,-1)^{\mathrm{T}}, c\neq 0$

C. $c_1(1,1)^{\mathrm{T}}+c_2(1,-1)^{\mathrm{T}}, c_1\neq 0$ 且 $c_2\neq 0$

D. $c_1(1,1)^{\mathrm{T}}+c_2(1,-1)^{\mathrm{T}}, c_1, c_2$ 不同时为零

【考法8】　利用特征值求解矩阵的迹

例题 8　设 $\boldsymbol{A}$ 是三阶矩阵，且$|2\boldsymbol{A}+\boldsymbol{E}|=|3\boldsymbol{A}-2\boldsymbol{E}|=|2\boldsymbol{A}+5\boldsymbol{E}|=0$。

（1）求行列式$|2\boldsymbol{A}^*+3\boldsymbol{E}|$。

（2）求行列式$|\boldsymbol{A}|$的主对角线元素的代数余子式之和 $A_{11}+A_{22}+A_{33}$。

【考法 9】 由特征定义求解矩阵参数

例题 9 设$\boldsymbol{A}=\begin{bmatrix} a & -1 & c \\ 5 & b & 3 \\ 1-c & 0 & -a \end{bmatrix}$，$|\boldsymbol{A}|=-1$，$\boldsymbol{\alpha}=\begin{bmatrix} -1 \\ -1 \\ 1 \end{bmatrix}$为$\boldsymbol{A}^*$的特征向量，求$\boldsymbol{A}^*$的特征值$\lambda$及$a,b,c$和$\boldsymbol{A}$对应的特征值$\mu$。

【考法 10】 公共特征向量

例题 10 设$\boldsymbol{A},\boldsymbol{B}$均为$n$阶方阵，且$r(\boldsymbol{A})+r(\boldsymbol{B})<n$。证明$\boldsymbol{A},\boldsymbol{B}$有公共的特征向量。

【考法 11】 结合三元一次方程

例题 11 设有三阶实对称矩阵$\boldsymbol{A}$满足$\boldsymbol{A}^3-6\boldsymbol{A}^2+11\boldsymbol{A}-6\boldsymbol{E}=\boldsymbol{O}$，且$|\boldsymbol{A}|=6$。

(1) 写出用正交变换将二次型$f=\boldsymbol{x}^{\mathrm{T}}(\boldsymbol{A}+\boldsymbol{E})\boldsymbol{x}$化成的标准形。

(2) 判断二次型$f=\boldsymbol{x}^{\mathrm{T}}(\boldsymbol{A}+\boldsymbol{E})\boldsymbol{x}$的正定性。

专题 28 特殊矩阵的特征值

【考法 1】 列行矩阵的特征值

例题 1 设$\boldsymbol{\alpha},\boldsymbol{\beta}$为三维列向量，$\boldsymbol{\beta}^{\mathrm{T}}$为$\boldsymbol{\beta}$的转置向量，矩阵$\boldsymbol{A}=\boldsymbol{E}+\boldsymbol{\alpha}\boldsymbol{\beta}^{\mathrm{T}}$，其中$\boldsymbol{E}$为三阶单位矩阵，且$\boldsymbol{A}$相似于$\begin{bmatrix} 1 & & \\ & 1 & \\ & & -2 \end{bmatrix}$，则$\boldsymbol{\beta}^{\mathrm{T}}\boldsymbol{\alpha}=($　　$)$。

A. 2　　B. -2　　C. 3　　D. -3

【考法 2】 列行矩阵能否对角化

例题 2 设$\boldsymbol{A}$是n阶矩阵，$\boldsymbol{A}$的第i行、第j列元素$a_{ij}=ij(i,j=1,\cdots,n)$。

(1) 求$r(\boldsymbol{A})$。

(2) 求$\boldsymbol{A}$的特征值与特征向量。$\boldsymbol{A}$能否相似于对角矩阵？若能，求出相似对角矩阵；若不能，则说明理由。

【考法 3】 双列行矩阵的特征值

例题 3 设$\boldsymbol{\alpha}$，$\boldsymbol{\beta}$均为三维单位列向量，并且$\boldsymbol{\alpha}^{\mathrm{T}}\boldsymbol{\beta}=0$，若$\boldsymbol{A}=\boldsymbol{\alpha}\boldsymbol{\alpha}^{\mathrm{T}}+\boldsymbol{\beta}\boldsymbol{\beta}^{\mathrm{T}}$。

(1) $\boldsymbol{Ax}=\boldsymbol{0}$是否存在非零解？

(2) $\boldsymbol{A}$能否相似于对角矩阵$\boldsymbol{\Lambda}$？若能，求出相似对角矩阵；若不能，则说明理由。

【考法 4】 伴随矩阵的特征

例题 4 设n阶矩阵$\boldsymbol{A}$的行列式$|\boldsymbol{A}|=a\neq0(n\geqslant2)$，$\lambda$是$\boldsymbol{A}$的一个特征值，则$(\boldsymbol{A}^*)^*$的一个特征值是(　　)。

A. $\lambda^{-1}a^{n-1}$　　B. $\lambda^{-1}a^{n-2}$

C. λa^{n-2}　　D. λa^{n-1}

例题 5 设$\boldsymbol{B}=\boldsymbol{A}+\boldsymbol{E}$，其中$\boldsymbol{A}=2\boldsymbol{\alpha}\boldsymbol{\alpha}^{\mathrm{T}}+\boldsymbol{\beta}\boldsymbol{\beta}^{\mathrm{T}}$，且$\boldsymbol{\alpha}$，$\boldsymbol{\beta}$是三维单位正交列向量，则$|\boldsymbol{B}^*-\boldsymbol{E}|=$________。

【考法 5】 abb 类型

例题 6 已知矩阵$\boldsymbol{A}=\begin{bmatrix}2&1&1\\1&2&1\\1&1&2\end{bmatrix}$，设二次型$f=\boldsymbol{x}^{\mathrm{T}}(\boldsymbol{A}^*+\boldsymbol{E})\boldsymbol{x}$经过正交变换$\boldsymbol{x}=\boldsymbol{Q}\boldsymbol{y}$

(1) 可化为标准形(　　)。

A. $2y_1^2+5y_2^2+5y_3^2$　　B. $4y_1^2+y_2^2+y_3^2$

C. $4y_1^2+2y_2^2$　　D. $y_1^2+2y_2^2+3y_3^2$

(2) $\boldsymbol{Q}$可以为(　　)。

A. $\begin{bmatrix}\frac{\sqrt{3}}{3}&\frac{\sqrt{2}}{2}&\frac{\sqrt{6}}{6}\\\frac{\sqrt{3}}{3}&0&-\frac{\sqrt{6}}{3}\\\frac{\sqrt{3}}{3}&-\frac{\sqrt{2}}{2}&\frac{\sqrt{6}}{6}\end{bmatrix}$　　B. $\begin{bmatrix}\frac{\sqrt{3}}{3}&\frac{\sqrt{2}}{2}&0\\\frac{\sqrt{3}}{3}&0&\frac{\sqrt{2}}{2}\\\frac{\sqrt{3}}{3}&-\frac{\sqrt{2}}{2}&-\frac{\sqrt{2}}{2}\end{bmatrix}$

C. $\begin{bmatrix}\frac{\sqrt{2}}{2}&\frac{\sqrt{3}}{3}&\frac{\sqrt{2}}{2}\\0&\frac{\sqrt{3}}{3}&-\frac{\sqrt{2}}{2}\\-\frac{\sqrt{2}}{2}&\frac{\sqrt{3}}{3}&0\end{bmatrix}$　　D. $\begin{bmatrix}\frac{\sqrt{2}}{2}&\frac{\sqrt{3}}{3}&\frac{\sqrt{6}}{6}\\0&\frac{\sqrt{3}}{3}&\frac{\sqrt{6}}{3}\\-\frac{\sqrt{2}}{2}&\frac{\sqrt{3}}{3}&-\frac{\sqrt{6}}{6}\end{bmatrix}$

例题 7 设 n 阶($n\geqslant 3$)矩阵 $\boldsymbol{A}=\begin{bmatrix}1 & b & \cdots & b\\ b & 1 & \cdots & b\\ \vdots & \vdots & & \vdots\\ b & b & \cdots & 1\end{bmatrix}$,若 $r(\boldsymbol{A})+r(\boldsymbol{A}^*)=n$,则 b 的值为(　　)。

A. $b=\dfrac{1}{1-n}$　　B. $b=-\dfrac{1}{n}$

C. $b=0$　　D. $b=1$

专题 29 多项式与相似传递

【考法 1】 传递给伴随矩阵

例题 1 设矩阵 $\boldsymbol{A}=\begin{bmatrix}1 & -1 & -1 & -1\\ -1 & 1 & -1 & -1\\ -1 & -1 & 1 & -1\\ -1 & -1 & -1 & 1\end{bmatrix}$,$\boldsymbol{\beta}=\begin{bmatrix}8\\8\\8\\8\end{bmatrix}$,则方程$(\boldsymbol{A}^*+8\boldsymbol{E})\boldsymbol{x}=\boldsymbol{\beta}$的通解为________。

【考法 2】 多项式传递

例题 2 设三阶对称矩阵 $\boldsymbol{A}$ 的特征值为 $\lambda_1=1,\lambda_2=2,\lambda_3=-2$,$\boldsymbol{\alpha}_1=(1,-1,1)^{\mathrm{T}}$ 是 $\boldsymbol{A}$ 的属于 λ_1 的一个特征向量,记 $\boldsymbol{B}=\boldsymbol{A}^5-4\boldsymbol{A}^3+\boldsymbol{E}$,其中 $\boldsymbol{E}$ 为三阶单位矩阵。

(1) 验证$\boldsymbol{\alpha}_1$ 是矩阵 $\boldsymbol{B}$ 的特征向量,并求 $\boldsymbol{B}$ 的全部特征值与特征向量。

(2) 求矩阵 $\boldsymbol{B}$。

【考法 3】 相似传递

例题 3 设 $\boldsymbol{A}$ 是 n 阶实对称矩阵,$\boldsymbol{P}$ 是 n 阶可逆矩阵,已知 n 维列向量$\boldsymbol{\alpha}$ 是 $\boldsymbol{A}$ 的属于特征值 λ 的特征向量,则矩阵 $\boldsymbol{B}=\boldsymbol{P}^{-1}\boldsymbol{A}\boldsymbol{P}$ 的属于特征值 λ 的特征向量是(　　)。

A. $\boldsymbol{P}^{-1}\boldsymbol{\alpha}$　　B. $\boldsymbol{P}^{\mathrm{T}}\boldsymbol{\alpha}$

C. $\boldsymbol{P}\boldsymbol{\alpha}$　　D. $(\boldsymbol{P}^{-1})^{\mathrm{T}}\boldsymbol{\alpha}$

例题 4 设 $\boldsymbol{A}$ 为三阶矩阵,$\boldsymbol{\alpha}_1,\boldsymbol{\alpha}_2,\boldsymbol{\alpha}_3$ 是线性无关的三维列向量,且满足 $\boldsymbol{A}\boldsymbol{\alpha}_1=\boldsymbol{\alpha}_1+\boldsymbol{\alpha}_2+\boldsymbol{\alpha}_3$,$\boldsymbol{A}\boldsymbol{\alpha}_2=2\boldsymbol{\alpha}_2+\boldsymbol{\alpha}_3$,$\boldsymbol{A}\boldsymbol{\alpha}_3=2\boldsymbol{\alpha}_2+3\boldsymbol{\alpha}_3$。

(1) 求矩阵 $\boldsymbol{B}$,使得 $\boldsymbol{A}(\boldsymbol{\alpha}_1,\boldsymbol{\alpha}_2,\boldsymbol{\alpha}_3)=(\boldsymbol{\alpha}_1,\boldsymbol{\alpha}_2,\boldsymbol{\alpha}_3)\boldsymbol{B}$。

(2) 求矩阵 $\boldsymbol{A}$ 的特征值。

(3) 求可逆矩阵 $\boldsymbol{P}$,使得 $\boldsymbol{P}^{-1}\boldsymbol{A}\boldsymbol{P}$ 为对角矩阵。

专题 30　可对角化

【考法 1】　可对角化的条件

例题 1　下列矩阵中，不能相似于对角矩阵的是（　　）。

A. $\begin{bmatrix}1&1&0\\0&2&1\\0&0&3\end{bmatrix}$　　B. $\begin{bmatrix}1&1&0\\0&1&0\\0&0&2\end{bmatrix}$

C. $\begin{bmatrix}1&0&1\\0&1&0\\1&0&1\end{bmatrix}$　　D. $\begin{bmatrix}1&0&0\\0&1&1\\0&0&2\end{bmatrix}$

【考法 2】　重根时可对角化的条件

例题 2　设矩阵 $\boldsymbol{A}=\begin{bmatrix}1&-1&1\\x&4&y\\-3&-3&5\end{bmatrix}$，已知 $\boldsymbol{A}$ 有三个线性无关的特征向量，$\lambda=2$ 是 $\boldsymbol{A}$ 的二重特征值，试求可逆矩阵 $\boldsymbol{P}$，使得 $\boldsymbol{P}^{-1}\boldsymbol{A}\boldsymbol{P}$ 为对角矩阵。

例题 3　设矩阵 $\boldsymbol{A}=\begin{bmatrix}1&2&-3\\-1&4&-3\\1&a&5\end{bmatrix}$，其特征方程有一个二重根，求 a 的值，并讨论 $\boldsymbol{A}$ 是否可以相似对角化。

【考法 3】　列行矩阵可对角化

例题 4　矩阵 $\boldsymbol{A}=\begin{bmatrix}1&0&-1\\2&0&-2\\1&0&-1\end{bmatrix}$，$\boldsymbol{B}=\begin{bmatrix}1&1&-1\\3&3&-3\\2&1&-2\end{bmatrix}$，$\boldsymbol{C}=\begin{bmatrix}1&0&-1\\0&2&-1\\-1&-1&-2\end{bmatrix}$ 中可对角化的共有（　　）个。

A. 0　　B. 1　　C. 2　　D. 3

【考法4】 两个矩阵同时对角化

例题5 设 $\boldsymbol{A}=\begin{bmatrix}0&1&0\\1&0&0\\0&0&0\end{bmatrix}$，$\boldsymbol{B}=\begin{bmatrix}1&1&1\\1&2&2\\1&2&3\end{bmatrix}$。

(1) 求可逆变换 $\boldsymbol{x}=\boldsymbol{C}\boldsymbol{y}$，将二次型 $f=\boldsymbol{x}^{\mathrm{T}}\boldsymbol{B}\boldsymbol{x}$ 化为标准形 $y_1^2+y_2^2+y_3^2$。

(2) 求一个可逆矩阵 $\boldsymbol{P}$ 及对角矩阵 $\boldsymbol{\Lambda}$，使得 $\boldsymbol{P}^{\mathrm{T}}\boldsymbol{A}\boldsymbol{P}=\boldsymbol{\Lambda}$ 且 $\boldsymbol{P}^{\mathrm{T}}\boldsymbol{B}\boldsymbol{P}=\boldsymbol{E}$。

【考法5】 非可逆矩阵的伴随矩阵对角化

例题6 实对称矩阵 $\boldsymbol{A}=(\boldsymbol{\alpha}_1,\boldsymbol{\alpha}_2,\boldsymbol{\alpha}_3)$ 满足各行元素之和为0，且 $\boldsymbol{\alpha}_1-\boldsymbol{\alpha}_2=(1,-1,0)^{\mathrm{T}}$，$r[(\boldsymbol{A}+\boldsymbol{E})^*]=1$。

(1) 求一个正交矩阵 $\boldsymbol{Q}$，使得 $\boldsymbol{Q}^{\mathrm{T}}\boldsymbol{A}\boldsymbol{Q}=\boldsymbol{\Lambda}$。

(2) 计算 $\boldsymbol{Q}^{\mathrm{T}}(\boldsymbol{A}^*+2\boldsymbol{A})\boldsymbol{Q}$。

专题31 相似关系及其变换矩阵

【考法1】 判别具体矩阵相似

例题1 下列矩阵中，与矩阵 $\begin{bmatrix}1&1&0\\0&1&1\\0&0&1\end{bmatrix}$ 相似的是(　　)。

A. $\begin{bmatrix}1&1&-1\\0&1&1\\0&0&1\end{bmatrix}$　　B. $\begin{bmatrix}1&0&-1\\0&1&1\\0&0&1\end{bmatrix}$　　C. $\begin{bmatrix}1&1&-1\\0&1&0\\0&0&1\end{bmatrix}$　　D. $\begin{bmatrix}1&0&-1\\0&1&0\\0&0&1\end{bmatrix}$

例题2 矩阵 $\begin{bmatrix}1&a&1\\a&b&a\\1&a&1\end{bmatrix}$ 与 $\begin{bmatrix}2&0&0\\0&b&0\\0&0&0\end{bmatrix}$ 相似的充分必要条件为(　　)。

A. $a=0,b=2$　　B. $a=0$，b 为任意实数

C. $a=2,b=0$　　D. $b=0$，a 为任意实数

【考法2】 判别抽象矩阵相似

例题3 设 $\boldsymbol{A},\boldsymbol{B}$ 均为 n 阶矩阵，$\boldsymbol{A}$ 可逆且 $\boldsymbol{A}\sim\boldsymbol{B}$，则下列命题正确的有(　　)个。

① $\boldsymbol{AB}\sim\boldsymbol{BA}$　　② $\boldsymbol{A}^2\sim\boldsymbol{B}^2$　　③ $\boldsymbol{A}^{\mathrm{T}}\sim\boldsymbol{B}^{\mathrm{T}}$　　④ $\boldsymbol{A}^{-1}\sim\boldsymbol{B}^{-1}$

A. 1　　B. 2　　C. 3　　D. 4

【考法 3】 证明两矩阵相似

例题 4 证明 n 阶矩阵 $\begin{bmatrix}1&1&\cdots&1\\1&1&\cdots&1\\\vdots&\vdots&&\vdots\\1&1&\cdots&1\end{bmatrix}$ 与 $\begin{bmatrix}0&\cdots&0&1\\0&\cdots&0&2\\\vdots&&\vdots&\vdots\\0&\cdots&0&n\end{bmatrix}$ 相似。

【考法 4】 求解相似的变换矩阵 P

例题 5 设 $\boldsymbol{A}=\begin{bmatrix}1&2&3\\0&0&0\\0&0&0\end{bmatrix}$，$\boldsymbol{B}=\begin{bmatrix}2&-2&4\\1&-1&2\\0&0&0\end{bmatrix}$，求可逆矩阵 $\boldsymbol{P}$，使 $\boldsymbol{P}^{-1}\boldsymbol{A}\boldsymbol{P}=\boldsymbol{B}$。

【考法 5】 相似于对角矩阵

例题 6 设三阶实对称矩阵满足 $\boldsymbol{A}^3-\boldsymbol{A}=\boldsymbol{O}$，且 $|\boldsymbol{A}|=0$，且 $r[(\boldsymbol{A}-\boldsymbol{E})^*]=1$，则下列矩阵中可能与 $\boldsymbol{A}$ 相似的有(　　)个。

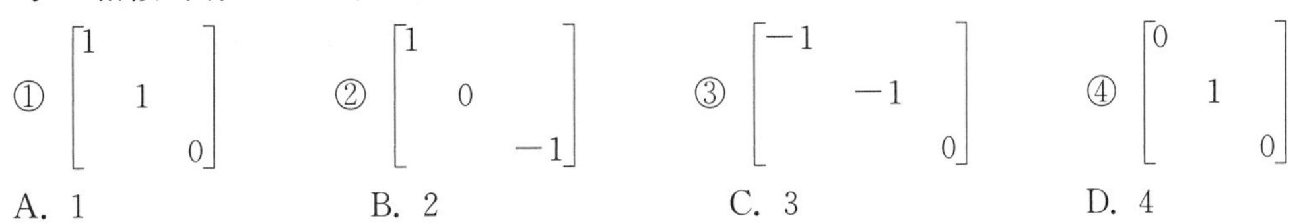

① $\begin{bmatrix}1&&\\&1&\\&&0\end{bmatrix}$　② $\begin{bmatrix}1&&\\&0&\\&&-1\end{bmatrix}$　③ $\begin{bmatrix}-1&&\\&-1&\\&&0\end{bmatrix}$　④ $\begin{bmatrix}0&&\\&1&\\&&0\end{bmatrix}$

A. 1　　B. 2　　C. 3　　D. 4

【考法 6】 由初等变换建立相似关系

例题 7 设 $\boldsymbol{A}$ 是一个 n 阶实对称矩阵，先交换 $\boldsymbol{A}$ 的第 1 列与第 3 列，然后再交换第 1 行与第 3 行得到的矩阵记为 $\boldsymbol{B}$，则下列说法正确的有(　　)个。

① $|\boldsymbol{A}|=|\boldsymbol{B}|$　② $\boldsymbol{A}$ 与 $\boldsymbol{B}$ 等价　③ $\boldsymbol{A}$ 与 $\boldsymbol{B}$ 合同　④ $\boldsymbol{A}$ 与 $\boldsymbol{B}$ 相似

A. 1　　B. 2　　C. 3　　D. 4

专题 32　利用相似求解

【考法 1】 利用阿尔法矩阵建立相似

例题 1 设 $\boldsymbol{A}$ 为三阶矩阵，$\boldsymbol{\alpha}_1,\boldsymbol{\alpha}_2,\boldsymbol{\alpha}_3$ 是线性无关的三维列向量，且满足 $\boldsymbol{A}\boldsymbol{\alpha}_1=3\boldsymbol{\alpha}_1+\boldsymbol{\alpha}_2+\boldsymbol{\alpha}_3$，$\boldsymbol{A}\boldsymbol{\alpha}_2=\boldsymbol{\alpha}_1+3\boldsymbol{\alpha}_2+\boldsymbol{\alpha}_3$，$\boldsymbol{A}\boldsymbol{\alpha}_3=\boldsymbol{\alpha}_1+\boldsymbol{\alpha}_2+3\boldsymbol{\alpha}_3$。

(1) 求矩阵 $\boldsymbol{A}$ 的特征值。

(2) 求可逆矩阵 $\boldsymbol{P}$，使得 $\boldsymbol{P}^{-1}\boldsymbol{A}\boldsymbol{P}$ 为对角矩阵。

【考法2】 利用 A^k 矩阵建立相似

例题 2 已知三阶矩阵 $\boldsymbol{A}$ 与三维列向量 $\boldsymbol{\alpha}$，若向量组 $\boldsymbol{\alpha},\boldsymbol{A\alpha},\boldsymbol{A}^2\boldsymbol{\alpha}$ 线性无关，且 $\boldsymbol{A}^3\boldsymbol{\alpha}=3\boldsymbol{A\alpha}-2\boldsymbol{A}^2\boldsymbol{\alpha}$，则 $r(\boldsymbol{A})=$（　　）。

A. 0　　B. 1

C. 2　　D. 3

例题 3 已知三阶矩阵 $\boldsymbol{A}$ 与三维向量 $\boldsymbol{x}$，使得向量组 $\boldsymbol{x},\boldsymbol{Ax},\boldsymbol{A}^2\boldsymbol{x}$ 线性无关，且满足 $\boldsymbol{A}^3\boldsymbol{x}=3\boldsymbol{Ax}-2\boldsymbol{A}^2\boldsymbol{x}$。则 $|\boldsymbol{A}^2+3\boldsymbol{A}+2\boldsymbol{E}|=$______。

【考法3】 求解 A^k 的特征向量

例题 4 已知三阶矩阵 $\boldsymbol{A}$ 与三维非零列向量 $\boldsymbol{\alpha}$，若向量组 $\boldsymbol{\alpha},\boldsymbol{A\alpha},\boldsymbol{A}^2\boldsymbol{\alpha}$ 线性无关，而 $\boldsymbol{A}^3\boldsymbol{\alpha}=3\boldsymbol{A\alpha}-2\boldsymbol{A}^2\boldsymbol{\alpha}$，那么矩阵 $\boldsymbol{A}$ 属于特征值 $\lambda=-3$ 的特征向量是（　　）。

A. $\boldsymbol{\alpha}$　　B. $\boldsymbol{A\alpha}+2\boldsymbol{\alpha}$

C. $\boldsymbol{A}^2\boldsymbol{\alpha}-\boldsymbol{A\alpha}$　　D. $\boldsymbol{A}^2\boldsymbol{\alpha}+2\boldsymbol{A\alpha}-3\boldsymbol{\alpha}$

【考法4】 利用初等变换建立相似关系

例题 5 设 $\boldsymbol{B}=[b_{ij}]_{3\times3}$ 是正交矩阵，且 $\boldsymbol{AB}=\begin{bmatrix}2b_{11}+b_{12} & b_{11}+2b_{12} & b_{13}\\2b_{21}+b_{22} & b_{21}+2b_{22} & b_{23}\\2b_{31}+b_{32} & b_{31}+2b_{32} & b_{33}\end{bmatrix}$，则正确的命题为（　　）。

① 矩阵 $\boldsymbol{A}$ 为正定矩阵　　② 矩阵 $\boldsymbol{A}$ 一定是可逆矩阵

③ 行列式 $|\boldsymbol{A}^*-2\boldsymbol{E}|=1$　　④ 矩阵 $\boldsymbol{A}$ 一定是对称矩阵

A. ①②③　　B. ①②③④　　C. ②③④　　D. ①②④

专题 33 隐含的特征值

【考法1】 通过矩阵的秩暗示特征值

例题 1 已知 $\boldsymbol{A}$ 是三阶非零矩阵，若矩阵 $\boldsymbol{B}=\begin{bmatrix}1 & 2 & 3\\4 & 5 & 6\\7 & 8 & 9\end{bmatrix}$ 使得 $\boldsymbol{AB}=\boldsymbol{O}$，又知 $\boldsymbol{A}+3\boldsymbol{E}$ 不可逆，则 $r(\boldsymbol{A})+r(\boldsymbol{A}+\boldsymbol{E})=$______。

【考法 2】 通过阿尔法方程组暗示特征值

例题 2 设 A 为三阶实对称矩阵，$\boldsymbol{\alpha}_1,\boldsymbol{\alpha}_2,\boldsymbol{\alpha}_3$ 为三维线性无关列向量，$A\boldsymbol{\alpha}_1=2\boldsymbol{\alpha}_1+\boldsymbol{\alpha}_2$，$A\boldsymbol{\alpha}_2=\boldsymbol{\alpha}_1+3\boldsymbol{\alpha}_2+\boldsymbol{\alpha}_3$，$A\boldsymbol{\alpha}_3=\boldsymbol{\alpha}_2+2\boldsymbol{\alpha}_3$，则二次型 $f(x_1,x_2,x_3)=\boldsymbol{x}^{\mathrm{T}}A^*\boldsymbol{x}$ 经过正交变换得到标准形为（　　）。

A. $y_1^2+2y_2^2+4y_3^2$　　B. $8y_1^2+4y_2^2+2y_3^2$

C. $y_1^2-2y_2^2+4y_3^2$　　D. $y_1^2+y_2^2+4y_3^2$

【考法 3】 通过齐次方程暗示特征值

例题 3 设 A 为三阶实对称矩阵，$\boldsymbol{\xi}_1=\begin{bmatrix}k\\-k\\1\end{bmatrix}$ 为方程组 $A\boldsymbol{x}=\boldsymbol{0}$ 的解，$\boldsymbol{\xi}_2=\begin{bmatrix}k\\2\\1\end{bmatrix}$ 为方程组 $(2E-A)\boldsymbol{x}=\boldsymbol{0}$ 的一个解，$|E+A|=0$，则 $A=$________。

组暗示特征值

$_{4\times4}$ 的各行元素之和为 4，方程 $A\boldsymbol{x}=\boldsymbol{x}+4\boldsymbol{\beta}$ 有通解 $2\boldsymbol{\beta}+k\boldsymbol{\alpha}$（$k$ 为

$|=120$，若 A_{ij} 为 a_{ij} 的代数余子式，则 $\sum_{i=1}^{4}A_{ii}=$________。

量暗示特征值

为三阶单位矩阵，$\boldsymbol{\alpha},\boldsymbol{\beta}$ 是线性无关的三维列向量，且 A 不可逆 $A\boldsymbol{\alpha}=$

说法正确的是（　　）。

对角化　　B. 矩阵有特征值 2 或 8

一个特征向量　　D. $|A+E|=-1$

暗示特征值

$[\boldsymbol{\alpha}_1,\boldsymbol{\alpha}_2,\boldsymbol{\alpha}_3]$ 不可逆，且 $\boldsymbol{\alpha}_1+\boldsymbol{\alpha}_3=\begin{bmatrix}1\\0\\1\end{bmatrix}$，$\boldsymbol{\alpha}_2=\begin{bmatrix}0\\2\\0\end{bmatrix}$。

有特征值与特征向量。

【考法7】 通过各行元素之和暗示特征值

例题7 设三阶实对称矩阵 $\boldsymbol{A}$ 的各行元素之和均为3，向量 $\boldsymbol{\alpha}_1=(-1,2,-1)^{\mathrm{T}}$，$\boldsymbol{\alpha}_2=(0,-1,1)^{\mathrm{T}}$ 是线性方程组 $\boldsymbol{Ax}=\boldsymbol{0}$ 的两个解。

(1) 求 $\boldsymbol{A}$ 的特征值与特征向量。

(2) 求正交矩阵 $\boldsymbol{Q}$ 和对角矩阵 $\boldsymbol{\Lambda}$，使得 $\boldsymbol{Q}^{\mathrm{T}}\boldsymbol{AQ}=\boldsymbol{\Lambda}$。

【考法8】 通过多项式方程暗示特征值

例题8 设 $\boldsymbol{A}$ 为四阶实对称矩阵，且 $\boldsymbol{A}^2+\boldsymbol{A}=\boldsymbol{O}$，若 $\boldsymbol{A}$ 的秩为3，则 $\boldsymbol{A}$ 相似于(　　)。

A. $\begin{bmatrix}1&&&\\&1&&\\&&1&\\&&&0\end{bmatrix}$　　B. $\begin{bmatrix}1&&&\\&1&&\\&&-1&\\&&&0\end{bmatrix}$

C. $\begin{bmatrix}1&&&\\&-1&&\\&&-1&\\&&&0\end{bmatrix}$　　D. $\begin{bmatrix}-1&&&\\&-1&&\\&&-1&\\&&&0\end{bmatrix}$

【考法9】 通过矩阵方程暗示特征值

例题9 设 $\boldsymbol{A}$ 为3阶实对称矩阵，$\boldsymbol{A}$ 的秩为2，且 $\boldsymbol{A}\begin{bmatrix}1&1\\0&0\\-1&1\end{bmatrix}=\begin{bmatrix}-1&1\\0&0\\1&1\end{bmatrix}$。

(1) 求 $\boldsymbol{A}$ 的所有特征值与特征向量。(2) 求矩阵 $\boldsymbol{A}$。

【考法10】 "滴水不漏，万箭穿心"

例题10 设 $\boldsymbol{B}=\boldsymbol{A}+\boldsymbol{E}$，实对称矩阵 $\boldsymbol{A}$ 满足 $|\boldsymbol{A}-\boldsymbol{E}|=0$，且 $\boldsymbol{Ax}=\boldsymbol{\beta}_2$ 的通解为 $k\boldsymbol{\beta}_1+\frac{1}{2}\boldsymbol{\beta}_2$（$k$ 为任意常数），且 $\boldsymbol{\beta}_1+\boldsymbol{\beta}_2=\begin{bmatrix}2\\0\\2\end{bmatrix}$，$\boldsymbol{\beta}_1-\boldsymbol{\beta}_2=\begin{bmatrix}0\\-2\\-2\end{bmatrix}$，则方程组 $(\boldsymbol{B}^*-3\boldsymbol{E})\boldsymbol{x}=\boldsymbol{0}$ 的通解为________。

专题 34 反求矩阵 A

【考法 1】 特征值均不相同

例题 1 设 $\boldsymbol{A}$ 为三阶实对称不可逆矩阵，$\begin{bmatrix} 2 & -2 & 1 \\ -2 & -1 & 2 \end{bmatrix}\boldsymbol{A}=\begin{bmatrix} 6 & -6 & 3 \\ -12 & -6 & 12 \end{bmatrix}$，求矩阵 $\boldsymbol{A}$。

【考法 2】 *abb* 模型

例题 2 设三阶实对称矩阵 $\boldsymbol{A}$ 的特征值为 $\lambda_1=-1,\lambda_2=\lambda_3=1$，对应 λ_1 的特征向量为 $\boldsymbol{\xi}_1=[1,1,1]^{\mathrm{T}}$，求 $\boldsymbol{A}$。

例题 3 设三阶实对称矩阵 $\boldsymbol{A}$ 的特征值为 $\lambda_1=-1,\lambda_2=\lambda_3=1$，对应 λ_1 的特征向量为 $\boldsymbol{\xi}_1=[0,1,1]^{\mathrm{T}}$，交换 $\boldsymbol{A}$ 的第一行和第三行得到矩阵 $\boldsymbol{B}$，$\boldsymbol{B}^*$ 是 $\boldsymbol{B}$ 的伴随矩阵，则 $\boldsymbol{B}^*$ 的对角线元素之和为________。

【考法 3】 由方程解反求系数阵

例题 4 设 $\boldsymbol{\alpha}_1=[1,0,1]^{\mathrm{T}}$，$\boldsymbol{\alpha}_2=[-2,0,1]^{\mathrm{T}}$ 都是线性方程组 $\boldsymbol{Ax}=\boldsymbol{0}$ 的解向量，只要系数矩阵 $\boldsymbol{A}$ 为(　　)。

A. $\begin{bmatrix} 1 & 2 & 3 \\ 3 & 1 & 2 \\ 2 & 1 & 1 \end{bmatrix}$　　B. $\begin{bmatrix} -1 & 2 & 1 \\ 0 & 2 & 0 \\ 0 & 1 & 0 \end{bmatrix}$

C. $\begin{bmatrix} 0 & -1 & 0 \\ 0 & 2 & 0 \end{bmatrix}$　　D. $\begin{bmatrix} -1 & 2 & 1 \\ 1 & 2 & 3 \end{bmatrix}$

专题 35 矩阵 A 的 n 次方

【考法 1】 利用列行矩阵

例题 1 设 $\boldsymbol{A}=\begin{bmatrix} 1 & -1 & 2 \\ a & 1 & b \\ 3 & c & 6 \end{bmatrix}$，若存在三阶矩阵 $\boldsymbol{B}$ 满足 $r(\boldsymbol{B}^*)=1$，使得 $\boldsymbol{BA}=\boldsymbol{O}$，则 $\boldsymbol{A}^n=$________。

【考法2】 利用相似

例题 2 设 $\boldsymbol{A}$ 是三阶矩阵，$\boldsymbol{b}=[9,18,-18]^{\mathrm{T}}$，方程组 $\boldsymbol{Ax}=\boldsymbol{b}$ 有通解 $k_1[-2,1,0]^{\mathrm{T}}+k_2[2,0,1]^{\mathrm{T}}+[1,2,-2]^{\mathrm{T}}$，其中 k_1,k_2 是任意常数。

(1) 求 $\boldsymbol{A}$。(2) 求 $\boldsymbol{A}^n$。

【考法3】 $A^n\beta$ 的求法

例题 3 设三阶实对称矩阵 $\boldsymbol{A}$ 的每行元素之和为 3，且 $r(\boldsymbol{A})=1$，$\boldsymbol{\beta}=[-1,2,2]^{\mathrm{T}}$，则 $\boldsymbol{A}^n\boldsymbol{\beta}=$________。

【考法4】 找规律

例题 4 设 $\boldsymbol{A}=\boldsymbol{\xi}\boldsymbol{\eta}^{\mathrm{T}}$，$\boldsymbol{\xi}=[1,-2,1]^{\mathrm{T}}$，$\boldsymbol{\eta}=[2,1,1]^{\mathrm{T}}$，求 $(\boldsymbol{E}+\boldsymbol{A})^n$。

例题 5 设 $\boldsymbol{A}=\begin{bmatrix}5&1&0\\0&5&2\\0&0&5\end{bmatrix}$，则 $\boldsymbol{A}^n=$________。

例题 6 设 $\boldsymbol{A}=\begin{bmatrix}0&1&0\\1&0&-1\\0&-1&0\end{bmatrix}$，计算 $\boldsymbol{A}^{2011}$。

专题 36 特征向量的次序变化

【考法1】 求解 $P^{-1}AP$（有非特征向量的情况）

例题 1 设 $\boldsymbol{A}$ 为三阶矩阵，三维列向量组 $\boldsymbol{\alpha}_1,\boldsymbol{\alpha}_2,\boldsymbol{\alpha}_3$ 线性无关，$\boldsymbol{A}[\boldsymbol{\alpha}_1,\boldsymbol{\alpha}_2,\boldsymbol{\alpha}_3]=[\boldsymbol{\alpha}_1,\boldsymbol{\alpha}_2,-\boldsymbol{\alpha}_3]$，记 $\boldsymbol{P}=[\boldsymbol{\alpha}_1+\boldsymbol{\alpha}_3,\boldsymbol{\alpha}_2,-\boldsymbol{\alpha}_3]$，则 $\boldsymbol{P}^{-1}\boldsymbol{AP}=$(　　)。

A. $\begin{bmatrix}1&0&0\\0&1&0\\2&0&-1\end{bmatrix}$　　B. $\begin{bmatrix}1&0&0\\0&1&0\\0&0&-1\end{bmatrix}$

C. $\begin{bmatrix}1&0&0\\0&1&0\\1&0&-1\end{bmatrix}$　　D. $\begin{bmatrix}1&0&0\\0&1&0\\-1&0&1\end{bmatrix}$

【考法 2】　求解 $P^{-1}AP$（全为特征向量的情况）

例题 2　设 $\boldsymbol{A}$ 为三阶矩阵，三维列向量组 $\boldsymbol{\alpha}_1,\boldsymbol{\alpha}_2,\boldsymbol{\alpha}_3$ 线性无关，$\boldsymbol{A}[\boldsymbol{\alpha}_1,\boldsymbol{\alpha}_2,\boldsymbol{\alpha}_3]=[\boldsymbol{\alpha}_1,\boldsymbol{\alpha}_2,-\boldsymbol{\alpha}_3]$，记 $\boldsymbol{P}=[\boldsymbol{\alpha}_1+5\boldsymbol{\alpha}_2,3\boldsymbol{\alpha}_2,-2\boldsymbol{\alpha}_3]$，则 $\boldsymbol{P}^{-1}\boldsymbol{AP}=$（　　）。

A. $\begin{bmatrix}1&0&0\\0&1&0\\2&0&-1\end{bmatrix}$　　B. $\begin{bmatrix}1&0&0\\0&1&0\\0&0&-1\end{bmatrix}$

C. $\begin{bmatrix}1&0&0\\0&1&0\\1&0&-1\end{bmatrix}$　　D. $\begin{bmatrix}1&0&0\\0&1&0\\-1&0&1\end{bmatrix}$

例题 3　设 $\boldsymbol{A}$ 是三阶矩阵，其特征值是 1,3,−2，对应的特征向量分别为 $\boldsymbol{\alpha}_1,\boldsymbol{\alpha}_2,\boldsymbol{\alpha}_3$，若 $\boldsymbol{P}=[\boldsymbol{\alpha}_1,2\boldsymbol{\alpha}_3,-\boldsymbol{\alpha}_2]$，则 $\boldsymbol{P}^{-1}\boldsymbol{A}^*\boldsymbol{P}=$（　　）。

A. $\begin{bmatrix}1&&\\&2&\\&&-1\end{bmatrix}$　　B. $\begin{bmatrix}-6&&\\&-2&\\&&3\end{bmatrix}$

C. $\begin{bmatrix}-6&&\\&3&\\&&-2\end{bmatrix}$　　D. $\begin{bmatrix}1&&\\&-2&\\&&3\end{bmatrix}$

例题 4　设 $\boldsymbol{A}$ 是三阶矩阵，$\boldsymbol{P}$ 是三阶可逆矩阵，且满足 $\boldsymbol{P}^{-1}\boldsymbol{AP}=\begin{bmatrix}1&&\\&1&\\&&0\end{bmatrix}$，若 $\boldsymbol{A\alpha}_1=\boldsymbol{\alpha}_1,\boldsymbol{A\alpha}_2=\boldsymbol{\alpha}_2,\boldsymbol{A\alpha}_3=\boldsymbol{0}$，其中 $\boldsymbol{\alpha}_1,\boldsymbol{\alpha}_2,\boldsymbol{\alpha}_3$ 为三维非零向量，且 $\boldsymbol{\alpha}_1,\boldsymbol{\alpha}_2$ 线性无关，则矩阵 $\boldsymbol{P}$ 不能是（　　）。

A. $[-\boldsymbol{\alpha}_1,5\boldsymbol{\alpha}_2,\boldsymbol{\alpha}_3]$　　B. $[\boldsymbol{\alpha}_2,\boldsymbol{\alpha}_1,\boldsymbol{\alpha}_3]$

C. $[\boldsymbol{\alpha}_1+\boldsymbol{\alpha}_2,\boldsymbol{\alpha}_2,\boldsymbol{\alpha}_3]$　　D. $[\boldsymbol{\alpha}_1,\boldsymbol{\alpha}_2,\boldsymbol{\alpha}_2+\boldsymbol{\alpha}_3]$

【考法 3】　由特征向量反推特征值

例题 5　二次型 $f(x_1,x_2,x_3)=x_1^2+x_2^2+x_3^2+2x_1x_3$ 经正交变换为 $\begin{bmatrix}x_1\\x_2\\x_3\end{bmatrix}=\begin{bmatrix}-\frac{1}{\sqrt{2}}&0&\frac{1}{\sqrt{2}}\\0&1&0\\\frac{1}{\sqrt{2}}&0&\frac{1}{\sqrt{2}}\end{bmatrix}\begin{bmatrix}y_1\\y_2\\y_3\end{bmatrix}$，化为标准形为（　　）。

A. $y_2^2+2y_3^2$　　B. $y_1^2+2y_3^2$　　C. $y_1^2+2y_2^2$　　D. $2y_1^2+y_2^2$

【考法 4】 特征值与标准形

例题 6 设二次型 $f(x_1,x_2,x_3)$ 在正交变换为 $\boldsymbol{x}=\boldsymbol{P}\boldsymbol{y}$ 下的标准形为 $2y_1^2+y_2^2-y_3^2$，其中 $\boldsymbol{P}=[\boldsymbol{e}_1,\boldsymbol{e}_2,\boldsymbol{e}_3]$，若 $\boldsymbol{Q}=[\boldsymbol{e}_1,-\boldsymbol{e}_3,\boldsymbol{e}_2]$，则 $f(x_1,x_2,x_3)$ 在正交变换 $\boldsymbol{x}=\boldsymbol{Q}\boldsymbol{y}$ 下的标准形为（　　）。

A. $2y_1^2-y_2^2+y_3^2$　　B. $2y_1^2+y_2^2-y_3^2$

C. $2y_1^2-y_2^2-y_3^2$　　D. $2y_1^2+y_2^2+y_3^2$

第6章　二　次　型

专题37　二次型变换为标准形

【考法1】 正交变换下的标准形

例题1 设 $\boldsymbol{A}$ 为四阶实对称矩阵，且 $\boldsymbol{A}^2+2\boldsymbol{A}-3\boldsymbol{E}=\boldsymbol{O}$，若 $r(\boldsymbol{A}-\boldsymbol{E})=1$，则二次型 $\boldsymbol{x}^{\mathrm{T}}\boldsymbol{A}\boldsymbol{x}$ 在正交变换下的标准形是(　　)。

A. $y_1^2+y_2^2+y_3^2-3y_4^2$　　B. $y_1^2-3y_2^2-3y_3^2-3y_4^2$

C. $y_1^2+y_2^2-3y_3^2-3y_4^2$　　D. $y_1^2+y_2^2+y_3^2-y_4^2$

例题2 已经知二次型 $f(x_1,x_2,x_3)=\boldsymbol{x}^{\mathrm{T}}\boldsymbol{A}\boldsymbol{x}$，向量组 $\boldsymbol{\alpha}_1=[1,0,1]^{\mathrm{T}}$，$\boldsymbol{\alpha}_2=[0,1,1]^{\mathrm{T}}$ 不能由矩阵 $\boldsymbol{A}$ 的列向量组线性表示，且 $\boldsymbol{A}\begin{bmatrix}1&0\\0&1\\-1&0\end{bmatrix}=\begin{bmatrix}-1&0\\0&1\\1&0\end{bmatrix}$，则二次型经正交变换化为的标准形为________。

例题3 设矩阵 $\boldsymbol{A}=\begin{bmatrix}1&1&a\\1&a&1\\a&1&1\end{bmatrix}$，$\boldsymbol{\beta}=\begin{bmatrix}1\\1\\-2\end{bmatrix}$，已知线性方程组 $\boldsymbol{A}\boldsymbol{x}=\boldsymbol{\beta}$ 有解，且不唯一。

(1) 求 a 的值。

(2) 求正交矩阵 $\boldsymbol{Q}$，使 $\boldsymbol{Q}^{\mathrm{T}}\boldsymbol{A}\boldsymbol{Q}$ 为对角矩阵。

【考法2】 配方法将二次型化为标准形

例题4 用配方法化二次型 $f(x_1,x_2,x_3)=x_1^2+2x_2^2-5x_3^2+2x_1x_2-2x_1x_3+2x_2x_3$ 为标准形。

【考法3】 可逆的线性变换

例题5 下列从变量 x_1,x_2,x_3 到 y_1,y_2,y_3 的线性变换中可逆线性变换为(　　)。

A. $\begin{cases}x_1=y_1+y_2\\x_2=y_1+y_3\\x_3=2y_1+y_2+y_3\end{cases}$　　B. $\begin{cases}x_1=y_1-y_2+y_3\\x_2=y_1+y_2-y_3\\x_3=-y_1+y_2-y_3\end{cases}$

C. $\begin{cases} x_1=y_1-2y_2+y_3 \\ x_2=y_2-2y_3 \\ x_3=y_3 \end{cases}$　　D. $\begin{cases} x_1=y_1-2y_2+y_3 \\ x_2=y_2-2y_3 \\ x_3=y_1-y_2-y_3 \end{cases}$

专题 38 二次型变换

【考法 1】 将二次型正交变换为二次型

例题 1 设二次型 $f(x_1,x_2)=x_1^2-4x_1x_2+4x_2^2$ 经正交变换 $\begin{bmatrix} x_1 \\ x_2 \end{bmatrix}=\boldsymbol{Q}\begin{bmatrix} y_1 \\ y_2 \end{bmatrix}$ 化为二次型 $g(y_1,y_2)=ay_1^2+4y_1y_2+by_2^2$，其中 $a \geqslant b$。

(1) 求 a,b 的值。(2) 求正交矩阵 $\boldsymbol{Q}$。

例题 2 设二次型 $f(x_1,x_2,x_3)=\boldsymbol{x}^{\mathrm{T}}\boldsymbol{A}\boldsymbol{x}=\frac{5}{3}x_1^2+\frac{5}{3}x_2^2+\frac{5}{3}x_3^2+2ax_1x_2+2ax_1x_3+2ax_2x_3$ 经过正交变换 $\boldsymbol{x}=\boldsymbol{Q}\boldsymbol{y}$ 化为 $g(y_1,y_2,y_3)=\boldsymbol{y}^{\mathrm{T}}\boldsymbol{B}\boldsymbol{y}=2y_1^2+2y_2^2+by_3^2+2y_1y_2$，$\boldsymbol{A},\boldsymbol{B}$ 均为实对称矩阵。

(1) 求 a,b 的值。(2) 求正交矩阵 $\boldsymbol{Q}$。

【考法 2】 二次型可逆变换为二次型

例题 3 设二次型 $f(x_1,x_2,x_3)=x_1^2+x_2^2+x_3^2+2ax_1x_2+2ax_1x_3+2ax_2x_3$ 经可逆线性变换 $\begin{bmatrix} x_1 \\ x_2 \\ x_3 \end{bmatrix}=\boldsymbol{P}\begin{bmatrix} y_1 \\ y_2 \\ y_3 \end{bmatrix}$ 得 $g(y_1,y_2,y_3)=y_1^2+y_2^2+4y_3^2+2y_1y_2$。

(1) 求 a 的值；(2) 求可逆矩阵 $\boldsymbol{P}$。

例题 4 若二次型 $f(x_1,x_2,x_3)=ax_1^2+ax_2^2+(a-1)x_3^2+2x_1x_3-2x_2x_3$ 经过可逆变换为 $2y_1^2+y_2^2+2y_1y_2$，则该二次型经正交变换可得标准形为________。

专题 39 二次型的规范形与正负惯性指数

【考法 1】 二次型的规范形

例题 1 设 $\boldsymbol{A}$ 为四阶实对称矩阵，且 $\boldsymbol{A}^2+\boldsymbol{A}=\boldsymbol{O}$。若 $\boldsymbol{A}$ 的秩为 3，则二次型 $\boldsymbol{x}^{\mathrm{T}}\boldsymbol{A}\boldsymbol{x}$ 的规范形

为(　　)。

A. $z_1^2+z_2^2+z_3^2$　　B. $z_1^2+z_2^2-z_3^2$

C. $z_1^2-z_2^2-z_3^2$　　D. $-z_1^2-z_2^2-z_3^2$

例题 2 若实对称矩阵 $\boldsymbol{A}$ 与 $\boldsymbol{B}=\begin{bmatrix}1&0&0\\0&-1&2\\0&2&2\end{bmatrix}$ 合同,则二次型 $\boldsymbol{x}^{\mathrm{T}}\boldsymbol{A}\boldsymbol{x}$ 的规范形为(　　)。

A. $y_1^2+y_2^2-y_3^2$　　B. $y_1^2+y_2^2+y_3^2$

C. $y_1^2-y_2^2-y_3^2$　　D. $-y_1^2-y_2^2-y_3^2$

例题 3 设 $\boldsymbol{A}$ 为 n 阶实对称矩阵,$r(\boldsymbol{A})=n$,A_{ij} 是 $\boldsymbol{A}=[a_{ij}]_{n\times n}$ 中元素 a_{ij} 的代数余子式($i,j=1,2,\cdots,n$),二次型 $f(x_1,x_2,\cdots,x_n)=\sum\limits_{j=1}^{n}\sum\limits_{i=1}^{n}\frac{A_{ij}}{|\boldsymbol{A}|}x_ix_j$。

(1) 记 $\boldsymbol{x}=[x_1,x_2,\cdots,x_n]^{\mathrm{T}}$,把 $f(x_1,x_2,\cdots,x_n)$写成矩阵的形式。

(2) 二次型 $g(x_1,x_2,\cdots,x_n)=\boldsymbol{x}^{\mathrm{T}}\boldsymbol{A}\boldsymbol{x}$ 与 $f(x_1,x_2,\cdots,x_n)$的规范形是否相同?说明理由。

【考法 2】 正负惯性指数

例题 4 已知二次型 $f(x_1,x_2,x_3)=(1-a)x_1^2+(1-a)x_2^2+2x_3^2+2(1+a)x_1x_2$ 的正惯性指数为 2,则 a 的取值范围为(　　)。

A. $[0,+\infty)$　　B. $(-\infty,0]$

C. $[1,2)$　　D. $[2,3]$

例题 5 设$\boldsymbol{\alpha}$,$\boldsymbol{\beta}$ 是不相同的三维单位正交列向量,则二次型 $f(x_1,x_2,x_3)=\boldsymbol{x}^{\mathrm{T}}(\boldsymbol{\alpha}\boldsymbol{\alpha}^{\mathrm{T}}-\boldsymbol{\beta}\boldsymbol{\beta}^{\mathrm{T}})\boldsymbol{x}$ 的规范形为(　　)。

A. $y_1^2+y_2^2$　　B. $y_1^2+y_2^2-y_3^2$

C. $y_1^2-y_2^2$　　D. $y_1^2-y_2^2-y_3^2$

例题 6 设二次型 $f(x_1,x_2,x_3,x_4)=\boldsymbol{x}^{\mathrm{T}}\boldsymbol{A}\boldsymbol{x}$ 的正惯性指数为 $p=1$,又矩阵 $\boldsymbol{A}$ 满足 $\boldsymbol{A}^2-2\boldsymbol{A}=3\boldsymbol{E}$,则行列式$|\boldsymbol{A}|=$________。

【考法 3】 伪标准形

例题 7 二次型 $f(x_1,x_2,x_3)=(x_1+x_2)^2+(x_2-x_3)^2+(x_3+x_1)^2$ 的正负惯性指数分别为________。

例题 8 二次型 $f(x_1,x_2,x_3)=(x_1+x_2)^2+(2x_1+3x_2+x_3)^2-5(x_2+x_3)^2$ 的规范形是(　　)。

A. $y_2^2-y_3^2$　　B. $y_1^2+y_2^2-5y_3^2$　　C. $y_1^2+y_2^2-y_3^2$　　D. $y_1^2+y_2^2$

专题 40 合同关系及其变换矩阵

【考法 1】 判断矩阵的合同

例题 1 下列矩阵中与 $\boldsymbol{A}=\begin{bmatrix}1&1&0\\1&0&0\\0&0&1\end{bmatrix}$ 合同的是(　　)。

A. $\begin{bmatrix}1&0&0\\0&1&0\\0&0&1\end{bmatrix}$　　B. $\begin{bmatrix}1&0&0\\0&1&0\\0&0&-1\end{bmatrix}$

C. $\begin{bmatrix}1&0&0\\0&-1&0\\0&0&-1\end{bmatrix}$　　D. $\begin{bmatrix}-1&0&0\\0&-1&0\\0&0&-1\end{bmatrix}$

例题 2 设 $\boldsymbol{A}_1=\begin{bmatrix}1&-2&0\\-2&1&0\\0&0&1\end{bmatrix}$，$\boldsymbol{A}_2=\begin{bmatrix}1&0&0\\0&1&0\\0&0&0\end{bmatrix}$，$\boldsymbol{A}_3=\begin{bmatrix}1&2&0\\2&4&0\\0&0&1\end{bmatrix}$，则与矩阵 $\boldsymbol{A}=\begin{bmatrix}1&1&0\\1&1&0\\0&0&1\end{bmatrix}$ 不合同的矩阵有(　　)个。

A. 0　　B. 1　　C. 2　　D. 3

【考法 2】 构建矩阵方程判断合同关系

例题 3 设 $\boldsymbol{A}$ 为 n 阶可逆矩阵，将 $\boldsymbol{A}$ 的第 1,2 行互换后再将第 1,2 列互换得到矩阵 $\boldsymbol{B}$，$\boldsymbol{A}^*$ 表示 $\boldsymbol{A}$ 的伴随矩阵，则下列说法正确的有(　　)个。

① $\boldsymbol{A}^*$ 与 $\boldsymbol{B}^*$ 等价　② $\boldsymbol{A}^*$ 与 $\boldsymbol{B}^*$ 相似　③ $\boldsymbol{A}^*$ 与 $\boldsymbol{B}^*$ 合同

A. 0　　B. 1　　C. 2　　D. 3

【考法3】 合同的条件

例题 4 设 $\boldsymbol{A},\boldsymbol{B}$ 为 n 阶实对称矩阵,则下列说法中是 $\boldsymbol{A}$ 与 $\boldsymbol{B}$ 合同的充分必要条件的有(　　)个。

① $r(\boldsymbol{A})=r(\boldsymbol{B})$　　② $\boldsymbol{A},\boldsymbol{B}$ 于同一个对角阵相似

③ $\boldsymbol{A},\boldsymbol{B}$ 与同一个实对称矩阵合同　　④ $\boldsymbol{A},\boldsymbol{B}$ 正负惯性指数相同

⑤ 存在矩阵 $\boldsymbol{C}$ 使得 $\boldsymbol{C}^{\mathrm{T}}\boldsymbol{AC}=\boldsymbol{B}$　　⑥ $\boldsymbol{A},\boldsymbol{B}$ 的行列式相等

A. 2　　B. 3　　C. 4　　D. 5

例题 5 已知 n 阶矩阵 $\boldsymbol{A}$ 合同于 $\boldsymbol{\Lambda}=\begin{bmatrix}\lambda_1 & & & \\ & \lambda_2 & & \\ & & \ddots & \\ & & & \lambda_n\end{bmatrix}$,必有(　　)。

A. $\lambda_1,\lambda_2,\cdots,\lambda_n$ 是 $\boldsymbol{A}$ 的特征值　　B. $\lambda_1\lambda_2\cdots\lambda_n=|\boldsymbol{A}|$

C. $\boldsymbol{A}$ 为正定矩阵　　D. $\boldsymbol{A}$ 为对称矩阵

【考法4】 利用合同求参数

例题 6 若二次型 $f(x_1,x_2,x_3)=a(x_1^2+x_2^2+x_3^2)+2x_1x_2+2x_2x_3+2x_1x_3$ 的矩阵合同于 $\boldsymbol{B}=\begin{bmatrix}1 & 2 & 2\\ 2 & 1 & 2\\ 2 & 2 & 1\end{bmatrix}$,则(　　)。

A. $a>1$　　B. $a<-2$

C. $-2<a<1$　　D. $a=1$ 或 $a=-2$

【考法5】 求解合同的变换矩阵

例题 7 矩阵 $\boldsymbol{A}=\begin{bmatrix}-1 & & \\ & 1 & \\ & & 1\end{bmatrix}$ 和 $\boldsymbol{B}=\begin{bmatrix}1 & & \\ & 1 & \\ & & -1\end{bmatrix}$ 是合同矩阵,即存在可逆矩阵 $\boldsymbol{C}$,使得 $\boldsymbol{C}^{\mathrm{T}}\boldsymbol{AC}=\boldsymbol{B}$,其中 $\boldsymbol{C}=$________。

例题 8 设实对称矩阵 $\boldsymbol{A}=\begin{bmatrix}1 & 1 & 0\\ 1 & 1 & 1\\ 0 & 1 & 1\end{bmatrix}$,存在可逆矩阵 $\boldsymbol{C}$,使得 $\boldsymbol{C}^{\mathrm{T}}\boldsymbol{AC}=\boldsymbol{\Lambda}$,则 $\boldsymbol{C}=$________。

专题 41 正定矩阵

【考法 1】 判断正定矩阵

例题 1 下列各矩阵中是正定矩阵的是(　　)。

A. $\begin{bmatrix}1&1&1\\1&2&3\\1&3&6\end{bmatrix}$　B. $\begin{bmatrix}1&1&1\\1&1&2\\1&2&-1\end{bmatrix}$　C. $\begin{bmatrix}1&-1&1\\-1&1&2\\1&2&8\end{bmatrix}$　D. $\begin{bmatrix}2&3&4\\3&1&5\\4&5&6\end{bmatrix}$

【考法 2】 通过特征值判断正定矩阵

例题 2 设 $\boldsymbol{A}$ 是三阶实对称矩阵，且满足行列式 $|\boldsymbol{A}+\boldsymbol{E}|=|\boldsymbol{A}-2\boldsymbol{E}|=|\boldsymbol{E}-2\boldsymbol{A}|=0$，$\boldsymbol{A}^*$ 是 $\boldsymbol{A}$ 的伴随矩阵。若矩阵 $(k\boldsymbol{A}^*)^2-\boldsymbol{E}$ 是正定矩阵，则常数 k 应满足的条件是(　　)。

A. $k<-2$　　B. $k>\frac{1}{2}$

C. $k<-2$ 或 $k>2$　　D. $k<-\frac{1}{2}$ 或 $k>\frac{1}{2}$

【考法 3】 通过顺序主子式判断正定矩阵

例题 3 设 $5x_1^2+x_2^2+tx_3^2+4x_1x_2-2x_1x_3-2x_2x_3$ 为正定二次型，则 t 的取值范围是________。

【考法 4】 通过标准形判断正定矩阵

例题 4 若二次型 $f(x_1,x_2,x_3)=2x_1^2+x_2^2+x_3^2+2x_1x_2+tx_2x_3$ 是正定的，则 t 的取值范围是________。

【考法 5】 通过定义判断正定矩阵

例题 5 下列二次型中，是正定二次型的是(　　)。

A. $f_1(x_1,x_2,x_3)=x_1^2-3x_2^2-2x_1x_2+2x_1x_3-6x_2x_3$

B. $f_2(x_1,x_2,x_3)=x_1x_2+x_2x_3+x_3x_1$

C. $f_3(x_1,x_2,x_3)=(x_1+x_2+x_3)^2+(x_2-x_3)^2+(x_2+x_3)^2$

D. $f_4(x_1,x_2,x_3,x_4)=(x_1+x_3-x_4)^2+(x_2+x_3-x_4)^2+(x_3+2x_4)^2$

【考法6】 正定矩阵的概念

例题 6 设 $\boldsymbol{A},\boldsymbol{B}$ 为正定矩阵，$\boldsymbol{C}$ 是可逆矩阵，下列矩阵不是正定矩阵的是(　　)。

A. $\boldsymbol{C}^{\mathrm{T}}\boldsymbol{A}\boldsymbol{C}$　　B. $\boldsymbol{A}^{-1}+\boldsymbol{B}^{-1}$

C. $\boldsymbol{A}^{*}+\boldsymbol{B}^{*}$　　D. $\boldsymbol{A}-\boldsymbol{B}$

例题 7 n 阶实对称矩阵 $\boldsymbol{A}$ 是正定矩阵的充要条件是(　　)。

A. 二次型 $\boldsymbol{x}^{\mathrm{T}}\boldsymbol{A}\boldsymbol{x}$ 的负惯性指数为零

B. 存在可逆矩阵 $\boldsymbol{P}$ 使 $\boldsymbol{P}^{-1}\boldsymbol{A}\boldsymbol{P}=\boldsymbol{E}$

C. 存在 n 阶矩阵 $\boldsymbol{C}$ 使 $\boldsymbol{A}=\boldsymbol{C}^{\mathrm{T}}\boldsymbol{C}$

D. $\boldsymbol{A}$ 的伴随矩阵 $\boldsymbol{A}^{*}$ 与 $\boldsymbol{E}$ 合同

专题 42　矩阵 $\boldsymbol{A}^{\mathrm{T}}\boldsymbol{A}$ 的考法

【考法1】 $A^{\mathrm{T}}Ax=0$ 方程的解

例题 1 已知 $\boldsymbol{A}=\begin{bmatrix}1&0&1\\0&1&1\\-1&0&a\\0&a&-1\end{bmatrix}$，二次型 $f(x_1,x_2,x_3)=\boldsymbol{x}^{\mathrm{T}}(\boldsymbol{A}^{\mathrm{T}}\boldsymbol{A})\boldsymbol{x}$ 的秩为 2，则方程 $\boldsymbol{A}\boldsymbol{x}=\boldsymbol{0}$ 的通解为________。

【考法2】 与 $A^{\mathrm{T}}A$ 相关的秩

例题 2 设 $\boldsymbol{A}=\begin{bmatrix}1&1&1&1\\a&b&c&d\\a^2&b^2&c^2&d^2\end{bmatrix}$，其中 a,b,c,d 为互异的实数，则下述结论必成立的是(　　)。

A. $\boldsymbol{A}\boldsymbol{x}=\boldsymbol{0}$ 只有零解　　B. $\boldsymbol{A}^{\mathrm{T}}\boldsymbol{x}=\boldsymbol{0}$ 有非零解

C. $\boldsymbol{A}^{\mathrm{T}}\boldsymbol{A}\boldsymbol{x}=\boldsymbol{0}$ 有非零解　　D. $\boldsymbol{A}\boldsymbol{A}^{\mathrm{T}}\boldsymbol{x}=\boldsymbol{0}$ 有非零解

【考法3】 $A^{\mathrm{T}}A$ 正定

例题 3 设 $\boldsymbol{A}=\begin{bmatrix}1&1&\cdots&1\\a_1&a_2&\cdots&a_s\\a_1^2&a_2^2&\cdots&a_s^2\\\vdots&\vdots&&\vdots\\a_1^{n-1}&a_2^{n-1}&\cdots&a_s^{n-1}\end{bmatrix}$，$a_i\neq a_j(i,j=1,2,\cdots,s)$，则 $\boldsymbol{A}^{\mathrm{T}}\boldsymbol{A}$ 是正定矩阵的充要

条件是(　　)。

A. $s>n$　　B. $s<n$　　C. $s\leqslant n$　　D. $s\geqslant n$

例题 4 设 $\boldsymbol{B}$ 为 $m\times n$ 实矩阵，$\boldsymbol{x}^{\mathrm{T}}=[x_1,x_2,\cdots,x_n]$，则下列说法正确的有(　　)个。

① $r(\boldsymbol{B}^{\mathrm{T}}\boldsymbol{B})<r(\boldsymbol{B}^{\mathrm{T}})$。

② $\boldsymbol{B}^{\mathrm{T}}\boldsymbol{B}\boldsymbol{x}=\boldsymbol{0}$ 与 $\boldsymbol{B}^{\mathrm{T}}\boldsymbol{x}=\boldsymbol{0}$ 是同解方程组。

③ 方程组 $\boldsymbol{B}\boldsymbol{x}=\boldsymbol{0}$ 只有零解是 $\boldsymbol{B}^{\mathrm{T}}\boldsymbol{B}$ 为正定矩阵的充分非必要条件。

A. 0　　B. 1　　C. 2　　D. 3

专题 43 二次型的最值

【考法 1】 二次型的最大值

例题 1 已知$[1,-1,0]^{\mathrm{T}}$ 是二次型 $\boldsymbol{x}^{\mathrm{T}}\boldsymbol{A}\boldsymbol{x}=ax_1^2+x_3^2-2x_1x_2+2x_1x_3+2bx_2x_3$ 的矩阵 $\boldsymbol{A}$ 的特征向量，求 $\boldsymbol{x}^{\mathrm{T}}\boldsymbol{A}\boldsymbol{x}$ 在条件 $\boldsymbol{x}^{\mathrm{T}}\boldsymbol{x}=\sqrt{3}$ 下的最大值。

【考法 2】 二次型的最大值(矩阵不对称)

例题 2 设二次型为 $\boldsymbol{x}^{\mathrm{T}}\begin{bmatrix}1&4&0\\0&1&0\\0&0&2\end{bmatrix}\boldsymbol{x}$，则 $\boldsymbol{x}^{\mathrm{T}}\boldsymbol{x}=2$ 时，$\boldsymbol{x}^{\mathrm{T}}\boldsymbol{A}\boldsymbol{x}$ 的最大值为________。

例题 3 二次型 $f(x_1,x_2,x_3)=2(x_1+x_2+x_3)(x_1-2x_2+x_3)$ 在条件 $\boldsymbol{x}^{\mathrm{T}}\boldsymbol{x}=\sqrt{2}$ 下的最大值为________。

专题 44 向量二次型

【考法 1】 向量形式的二次型

例题 1 设二次型 $f(x_1,x_2,x_3)=2(a_1x_1+a_2x_2+a_3x_3)^2+(b_1x_1+b_2x_2+b_3x_3)^2$，记 $\boldsymbol{\alpha}=\begin{bmatrix}a_1\\a_2\\a_3\end{bmatrix}$，$\boldsymbol{\beta}=\begin{bmatrix}b_1\\b_2\\b_3\end{bmatrix}$。

(1) 证明二次型 f 对应的矩阵为 $2\boldsymbol{\alpha\alpha}^{\mathrm{T}}+\boldsymbol{\beta\beta}^{\mathrm{T}}$。

(2) 若 $\boldsymbol{\alpha},\boldsymbol{\beta}$ 正交且均为单位向量，证明 f 在正交变换下的标准形为 $2y_1^2+y_2^2$。

【考法 2】 向量二次型正负惯性指数

例题 2 二次型 $\boldsymbol{x}^{\mathrm{T}}\boldsymbol{A}\boldsymbol{x}=(x_1+2x_2+a_3x_3)(x_1+5x_2+b_3x_3)$ 的正惯性指数 p 与负惯性指数 q 分别是(　　)。

A. $p=2,q=1$　　B. $p=2,q=0$

C. $p=1,q=1$　　D. 与 a_3,b_3 有关，不能确定

【考法 3】 平方和二次型的正定性

例题 3 二次型 $f(x_1,x_2,x_3)=(x_1+ax_2-2x_3)^2+(2x_2+3x_3)^2+(x_1+3x_2+ax_3)^2$ 正定的充分必要条件是(　　)。

A. $\forall a$　　B. $a\neq 1$　　C. $a\neq -1$　　D. $a>1$

例题 4 设实矩阵 $\boldsymbol{A}=[a_{ij}]_{n\times n}$，则二次型 $f(x_1,x_2,\cdots,x_n)=\sum\limits_{i=1}^{n}(a_{i1}x_1+a_{i2}x_2+\cdots+a_{in}x_n)^2$，下列说法正确的有(　　)个。

① 二次型的矩阵为 $\boldsymbol{A}^{\mathrm{T}}\boldsymbol{A}$。

② 二次型的规范形为 $y_1^2+y_2^2+\cdots+y_n^2$。

③ 二次型正定的充要条件为 $\boldsymbol{A}$ 可逆。

A. 0　　B. 1　　C. 2　　D. 3

例题 5 设二次型 $f(x_1,x_2,x_3)=(x_1+ax_2)^2+(x_2+ax_3)^2+(x_3+ax_1)^2$ 不是正定二次型。

(1) 求实数 a。

(2) 求正交变换 $\boldsymbol{x}=\boldsymbol{Q}\boldsymbol{y}$，并化二次型为标准形。

专题 45 配方法

【考法 1】 用配方化二次型为标准形

例题 1 用配方法化二次型 $f(x_1,x_2,x_3)=x_1^2+2x_2^2-5x_3^2+2x_1x_2-2x_1x_3+2x_2x_3$ 为标准形。

【考法 2】 无平方项的配方

例题 2 $f(x_1,x_2,x_3)=x_1x_2+x_1x_3$ 与(　　)具有相同的规范形。

A. $f_1=x_1^2+x_2^2+2x_3^2-2x_1x_2$

B. $f_2=x_1x_2$

C. $f_3=x_1^2-x_2^2+2x_1x_3+2x_3^2$

D. $f_4=x_1^2+x_2^2+4x_3^2+2x_1x_2+4x_2x_3+4x_1x_3$

【考法 3】 伪配方陷阱

例题 3 设二次型 $f(x_1,x_2,x_3)=(x_1+x_2)^2+(x_2-x_3)^2+(x_3+x_1)^2$，下列说法正确的有(　　)个。

① 二次型的标准形为 $y_1^2+\sqrt{3}y_2^2$。　② 二次型的标准形为 $2y_1^2+\frac{3}{2}y_2^2$。

③ 二次型的标准形为 $2y_1^2+y_2^2+y_3^2$。　④ 二次型的标准形为 $y_1^2+y_2^2+y_3^2$。

A. 1　B. 2　C. 3　D. 4

【考法 4】 配方求二次型可逆变换

例题 4 设二次型 $f(x_1,x_2,x_3)=\boldsymbol{x}^{\mathrm{T}}\boldsymbol{A}\boldsymbol{x}=x_1^2+x_2^2+x_3^2+2ax_1x_2+2ax_1x_3+2ax_2x_3$ 经过可逆线性变换 $\boldsymbol{x}=\boldsymbol{C}\boldsymbol{y}$ 化为 $g(y_1,y_2,y_3)=\boldsymbol{y}^{\mathrm{T}}\boldsymbol{B}\boldsymbol{y}=y_1^2+y_2^2+3y_3^2+2y_1y_2$，$\boldsymbol{A},\boldsymbol{B}$ 均为实对称矩阵。

(1) 求 a 的值。

(2) 求可逆变换 $\boldsymbol{x}=\boldsymbol{C}\boldsymbol{y}$。

【考法 5】 配方求合同变换矩阵

例题 5 设 $\boldsymbol{A}=\begin{bmatrix}1&0&2\\0&0&1\\2&1&2\end{bmatrix}$，$\boldsymbol{B}=\begin{bmatrix}1&3&0\\3&1&0\\0&0&2\end{bmatrix}$，存在可逆矩阵 $\boldsymbol{C}$，使得 $\boldsymbol{C}^{\mathrm{T}}\boldsymbol{A}\boldsymbol{C}=\boldsymbol{B}$，则 $\boldsymbol{C}=$________。

专题 46 矩阵分解

【考法 1】 分解为普通矩阵

例题 1 若可逆矩阵 $\boldsymbol{A}$ 满足 $\boldsymbol{A}^{\mathrm{T}}\boldsymbol{A}=\begin{bmatrix}1&-1&0\\-1&2&0\\0&0&6\end{bmatrix}$,则 $\boldsymbol{A}=$________。

【考法 2】 分解为正定矩阵

例题 2 已知 $\boldsymbol{A}=\begin{bmatrix}2&1&1\\1&2&1\\1&1&2\end{bmatrix}$。试证明 $\boldsymbol{A}$ 为正定矩阵,并求正定矩阵 $\boldsymbol{B}$,使 $\boldsymbol{A}=\boldsymbol{B}^2$。

例题 3 已知 $\boldsymbol{A}=\begin{bmatrix}a&1&-1\\1&a&-1\\-1&-1&a\end{bmatrix}$。

(1) 求正交矩阵 $\boldsymbol{P}$,使得 $\boldsymbol{P}^{\mathrm{T}}\boldsymbol{AP}$ 为对角矩阵。

(2) 求正定矩阵 $\boldsymbol{C}$,使得 $\boldsymbol{C}^2=(a+3)\boldsymbol{E}-\boldsymbol{A}$。

专题 47 矩阵的相似、合同、等价

【考法】 矩阵三关系:合同、相似、等价

例题 1 设矩阵 $\boldsymbol{A}=\begin{bmatrix}2&-1&-1\\-1&2&-1\\-1&-1&2\end{bmatrix}$,$\boldsymbol{B}=\begin{bmatrix}1&0&0\\0&1&0\\0&0&0\end{bmatrix}$,则 $\boldsymbol{A}$ 与 $\boldsymbol{B}$(　　)。

A. 合同,且相似　　B. 合同,但不相似

C. 不合同,但相似　　D. 既不合同,也不相似

例题 2 设 $\boldsymbol{A}$,$\boldsymbol{B}$ 为 3 阶矩阵,且特征值均为 $-2,1,1$,以下命题中正确的有(　　)个。

① $\boldsymbol{A}\sim\boldsymbol{B}$　　② $\boldsymbol{A}$,$\boldsymbol{B}$ 合同　　③ $\boldsymbol{A}$,$\boldsymbol{B}$ 等价　　④ $|\boldsymbol{A}|=|\boldsymbol{B}|$

A. 1　　B. 2

C. 3　　D. 4

例题 3 设 $\boldsymbol{A},\boldsymbol{B}$ 是 n 阶实对称可逆矩阵，则存在 n 可逆矩阵 $\boldsymbol{P}$，下列关系式成立的有(　　)个。

① $\boldsymbol{PA}=\boldsymbol{B}$　　② $\boldsymbol{P}^{-1}\boldsymbol{ABP}=\boldsymbol{BA}$　　③ $\boldsymbol{P}^{-1}\boldsymbol{AP}=\boldsymbol{B}$　　④ $\boldsymbol{P}^{\mathrm{T}}\boldsymbol{A}^{2}\boldsymbol{P}=\boldsymbol{B}^{2}$

A. 1　　B. 2　　C. 3　　D. 4

例题 4 设 $\boldsymbol{A}$ 与 $\boldsymbol{B}$ 均为 n 阶矩阵，且 $\boldsymbol{A}$ 与 $\boldsymbol{B}$ 等价，则不正确的命题是(　　)。

A. 如果 $|\boldsymbol{A}|>0$，则 $|\boldsymbol{B}|>0$

B. 如果 $|\boldsymbol{A}|\neq 0$，则存在可逆矩阵 $\boldsymbol{P}$，使 $\boldsymbol{PB}=\boldsymbol{E}$

C. 如果 $\boldsymbol{A},\boldsymbol{E}$ 等价，则 $\boldsymbol{B}$ 是可逆矩阵

D. 有可逆矩阵 $\boldsymbol{P}$ 与 $\boldsymbol{Q}$，使 $\boldsymbol{PAQ}=\boldsymbol{B}$

例题 5 已知 $\boldsymbol{A}=\begin{bmatrix}2&1&0\\1&2&0\\0&0&-1\end{bmatrix}$，$\boldsymbol{B}=\begin{bmatrix}1&1&0\\1&2&0\\0&0&0\end{bmatrix}$，则 $\boldsymbol{A}$ 与 $\boldsymbol{B}$(　　)。

A. 等价、不相似、合同　　B. 不等价、不相似、不合同

C. 等价、相似、不合同　　D. 等价、相似、合同

专题 48　二次型为零

【考法 1】　用直接逼零法求二次型为零的解

例题 1 $f(x_1,x_2,x_3)=(x_1-x_2+x_3)^2+(x_2+x_3)^2+(x_1+ax_3)^2$，其中 a 是参数。

(1) 求 $f(x_1,x_2,x_3)=0$ 的解。

(2) 求 $f(x_1,x_2,x_3)$ 的规范形。

【考法 2】　配方逼零法

例题 2 设实二次型 $f(x_1,x_2,x_3)=\boldsymbol{x}^{\mathrm{T}}\boldsymbol{Ax}$ 的秩为 2，且 $\boldsymbol{\alpha}_1=[1,0,0]^{\mathrm{T}}$ 是 $(\boldsymbol{A}-2\boldsymbol{E})\boldsymbol{x}=\boldsymbol{0}$ 的解，$\boldsymbol{\alpha}_2=[0,-1,1]^{\mathrm{T}}$ 是 $(\boldsymbol{A}-6\boldsymbol{E})\boldsymbol{x}=\boldsymbol{0}$ 的解。

(1) 用正交变换将该二次型化成标准形，并写出所用的正交变换和所化的标准形。

(2) 求该二次型。

(3) 求方程组 $f(x_1,x_2,x_3)=0$ 的解。

【考法3】 用正交变换法求二次型为零

例题 3 已知二次型 $f(x_1,x_2,x_3)=(1-a)x_1^2+(1-a)x_2^2+2x_3^2+2(1+a)x_1x_2$ 的秩为 2。

(1) 求 a 的值。

(2) 求正交变换 $\boldsymbol{x}=\boldsymbol{Q}\boldsymbol{y}$，把 $f(x_1,x_2,x_3)$化成标准形。

(3) 求方程 $f(x_1,x_2,x_3)=0$ 的解。

例题 4 已知二次型 $f(x_1,x_2,x_3)=\sum\limits_{i=1}^{3}\sum\limits_{j=1}^{3}ijx_ix_j$。

(1) 写出 $f(x_1,x_2,x_3)$对应的矩阵。

(2) 通过正交变换 $\boldsymbol{x}=\boldsymbol{Q}\boldsymbol{y}$ 将 $f(x_1,x_2,x_3)$化为标准形。

(3) 求 $f(x_1,x_2,x_3)=0$ 的解。

专题49 二次型的其他考法

【考法1】 非对称矩阵

例题 1 二次型 $f(x_1,x_2,x_3)=\boldsymbol{x}^{\mathrm{T}}\begin{bmatrix}1&4&0\\0&4&0\\0&0&0\end{bmatrix}\boldsymbol{x}$，则 f 的秩等于(　　)。

A. 3　　B. 2　　C. 1　　D. 0

例题 2 $\boldsymbol{\alpha}=\begin{bmatrix}1\\0\\1\end{bmatrix}$，$\boldsymbol{\beta}=\begin{bmatrix}-2\\2\\4\end{bmatrix}$，设 $\boldsymbol{A}=\boldsymbol{\alpha}\boldsymbol{\beta}^{\mathrm{T}}$，则下列说法不正确的有(　　)个。

① 矩阵 $\boldsymbol{A}$ 必可对角化　　② $\boldsymbol{A}+\boldsymbol{E}$ 必可逆　　③ 二次型 $\boldsymbol{x}^{\mathrm{T}}\boldsymbol{A}\boldsymbol{x}$ 的秩为 1

A. 0　　B. 1　　C. 2　　D. 3

【考法2】 伪配方的秩

例题 3 二次型 $f(x_1,x_2,x_3)=(x_1+x_2)^2+(x_2-x_3)^2+(x_3+x_1)^2$ 的秩为________。

【考法3】 二次曲面与二次型的关系(仅数学一)

例题 4 设二次型 $f(x_1,x_2,x_3)=x_1^2+x_2^2+x_3^2+4x_1x_2+4x_1x_3+4x_2x_3$,则 $f(x_1,x_2,x_3)=2$ 在空间直角坐标系下表示的二次曲面为(　　)。

A. 单叶双曲面　　B. 双叶双曲面　　C. 椭球面　　D. 柱面

例题 5 用正交变换化二次曲面方程 $x^2+y^2+2z^2+4xy+2xz+2yz=4$ 为标准方程,并写出所用的变换,指出曲面的名称。